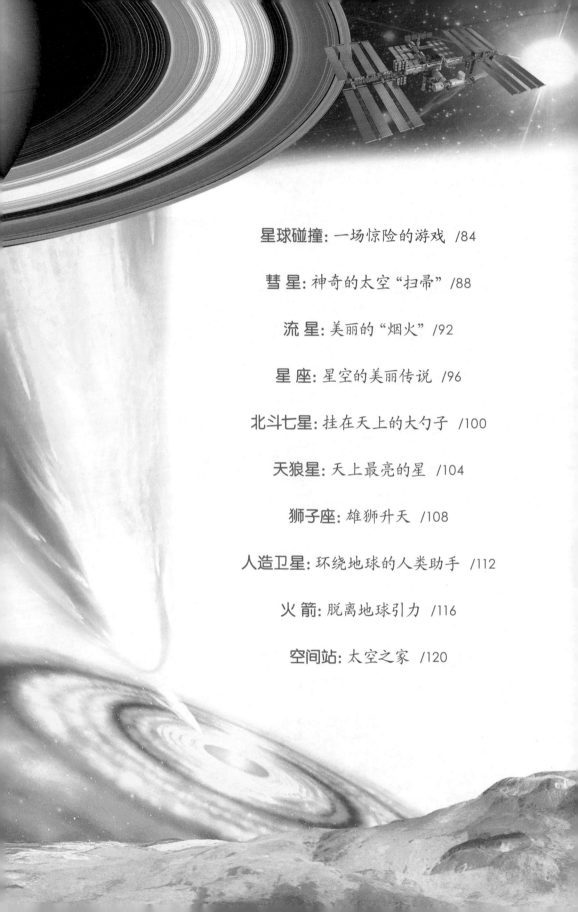

宇宙：
一切从大爆炸开始

　　宇宙是万物的总称，是时间和空间的统一。宇宙是物质世界，不依赖于人的意志而客观存在，并处于不断运动和发展中，在时间上没有开始没有结束，在空间上没有边界没有尽头。

◎ 大爆炸宇宙说

　　现在，越来越多的科学家相信宇宙起源于一次大爆炸。

　　天文学家哈勃早在1929年就公布了一个震惊科学界的发现——所有的河外星系都在离我们远去，也就是说，

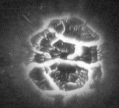

宇宙在高速地膨胀着。这情形就像是烤箱里的葡萄干布丁，当布丁变得蓬松时，葡萄干之间的距离也会越来越大。

　　最早正式提出"大爆炸宇宙说"的是天文学家伽莫夫，他认为，宇宙最初是一个温度极高、密度极大的"原始火球"。

　　根据现代物理学原理，这个火球必定迅速膨胀，而它的密度和温度则不断降低，在这个过程中，原来以中子、质子等基本粒子形态存在的物质，结合形成重氢、氦等化学元素。

　　当温度降到几千摄氏度时，宇宙间形成由原子、分子构成的

气体物质。气体物质又逐渐凝聚成星云，最后从星云中逐渐产生各种天体，成为现在的宇宙。

◎ 大爆炸的遗迹

伽莫夫曾预言宇宙中还应该到处存在着"原始火球"的"余热"，这种余热表现为一种四面八方都有的背景辐射。

20世纪60年代，科学家发现宇宙间有绝对温标为3K的辐射，显然，这正是宇宙大爆炸时留下的遗迹，是宇宙逐渐变冷以后的产物。

而且，科学家们推算出来的宇宙膨胀年龄为100亿~200亿年，这个年龄与天体演化研究中所发现的最老的天体年龄相吻合。

这些记录都有力地支持了"大爆炸宇宙说"。

◎浴火重生

我们所能观测到的宇宙，会永无止境地膨胀下去吗？它会不会消亡？

一些天文学家认为，宇宙总有一天会停止膨胀，各个星系将互相吸引并慢慢靠近，直到最后发生猛烈的碰撞而融合在一起，回到宇宙最初的状态"宇宙蛋"，这就叫作"大坍聚"。然后宇宙还会再一次发生爆炸，由此开始重生，如此循环往复，生生不息。

◎神秘的噪声

宇宙背景辐射的发现者是美国科学家彭齐亚斯和威尔逊，他们在测定银晕气体射电强度时，在7.35厘米的波长上意外探测到一种微波噪声，无论天线转向何方，无论白天黑夜、春夏秋冬，这种神秘的噪声都连续不断且相当稳定。

天文学家们早就估计到宇宙大爆炸后，在今天总会留下点什么，每一个阶段的平衡状态，都应该有一个对应的等效温度。现在这一猜想被证实了，两位科学家因此荣获了1978年的诺贝尔物理学奖。

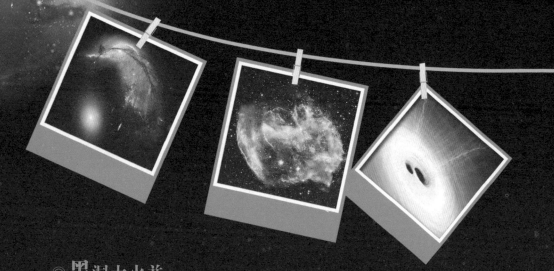

◎黑洞大火并

如果宇宙不断地膨胀，许多大质量的恒星就会死亡，然后成为黑洞。因此，宇宙中的黑洞将越来越多，它们会吞食掉宇宙中几乎所有的物质。

如果宇宙转而收缩，随着温度的不断升高，包括恒星在内的各种天体都会逐渐解体，黑洞则会趁机"饱餐一顿"，体积越来越大，最后导致黑洞火并，整个宇宙也会因此成为一个大黑洞。

宇宙消亡的最后标志是黑洞物质蒸发殆尽，各种物质瓦解。

星系：
宇宙中的"宝石"群

在宇宙中，由两颗或两颗以上星球所形成的绕转运动组合体叫作星系。广义上星系指无数的恒星系、尘埃（如星云）组成的运行系统。

◎星系分类

宇宙中大约有1000亿~11万亿个星系，依据它们的形状，通常可以分为三类：像鹅蛋一样的椭圆星系，像水涡一样旋转的旋涡星系，以及形状不规则或异常的星系。

◎"老人国"椭圆星系

科学观测表明，椭圆星系中没有气体，也找不到年轻的恒星。因为椭圆星系中的所有恒星是在过去遥远的年代里同时诞生的，这使得星系中的气体被一下子消耗殆尽。因此，在后来漫长的岁月里，这类星系内再也不能产生新的恒星。因此，它也是宇宙中的"老人国"。

许多椭圆星系都非常巨大。"室女座 A"就是一个拥有2000亿颗恒星的椭圆星系。不过，宇宙中像这样巨大的椭圆星系毕竟不多。到处可见较小的椭圆星系，有些竟小到只包含几百万颗恒星。宇宙中最大的星系和最小的星系都属于椭圆星系。

◎ 美丽的旋涡星系

旋涡星系是人类已经观测到的数量最多、外形最美丽的一种星系。旋涡星系侧面看上去很像一块铁饼，中间凸起，四周扁平。从凸起的部分螺旋式地伸展出若干条狭长而明亮的光带——旋臂。它们优雅地在太空中旋转舞蹈着。

◎ "小人国" 不规则星系

如果说椭圆星系是太空中的"老人国",那么不规则星系就是一个"小人国"。

不规则星系中含有大量气体,年轻的恒星很多,有些还是刚刚问世的。不规则星系一般质量小、密度低,既小又暗,有些"先天不足",所以它形成恒星的速度比较慢。和其他类型的星系相比,年老的恒星数量自然要少得多。

◎ 永远无法完成的任务

据有关天文数据显示,人类肉眼能看到的星星约7000颗,可是就算把观测地点转移到全世界看到星星最多的地区——赤道,也只能看到3000颗左右。

原来,这些星星我们根本不可能同时全部看到,因为无论在什么时候,大约有一半的星星都躲在地平线下面!如果观测者恰好身处南极或北极的话,那就更惨,因为这两个地方是看到星星最少的

地区。

借助天文望远镜，能看到八大行星中的天王星和海王星。如果改用镜头直径为120毫米的望远镜，则可以看到数千万颗的星星。而要是使用美国帕洛玛山上直径5米的望远镜的话，可以观察到接近20亿颗的星星。

但你要知道，仅地球所在的银河系内就有1200亿颗恒星，而人类目前可以观测到的宇宙中那些或比银河系大、或比银河系小的星系又有许许多多。光这些星星，所有的地球人一起数一辈子都数不过来，况且人类现在能观测到的并不是宇宙的全部。

从这个意义上讲，想要数清楚宇宙中究竟有多少颗星星，恐怕是一个永远都无法完成的任务。

银河：
悬在天上的"河"

银河在中国古代又称天河、银汉、星河、星汉、云汉，是横跨星空的一条乳白色亮带，由一千亿颗以上的恒星组成。

◎ 中国古代神话

在中国古代传说中，王母娘娘为了隔开牛郎和织女，拔下头上的金钗在空中一划，天上霎时出现了一条波涛滚滚的银河。

每年农历七月初七，是中国传统节日里最具浪漫色彩的"七夕节"，也就是传说中牛郎与织女一年一度在银河鹊桥相会的日子。这条在天空中隐约闪动的"河"，承载着人们无数美好的想象。

◎一个"大磨盘"

　　银河系是太阳系所在的恒星系统,包括1200亿颗恒星和大量的星团、星云、星际气体和星际尘埃,总质量是太阳质量的1400亿倍。

　　其实,银河系的形状不只像一条河,更像河水流淌时卷起的大旋涡,因此被称为旋涡星系。光线从旋涡的这一边传播到那一边,要花10万年的时间。从侧面看,银河系又像两个贴在一起的煎鸡蛋,中间厚、边缘薄,中心部分的厚度约为12000光年,最厚的地方恒星最集中。

　　银河系的全部恒星都围绕银河系的中心做旋转运动,整个银河系就像一个不停自转的大磨盘。除了自转运动,银河系还以每秒211千米的速度朝麒麟座的方向飞奔着。

◎不止一条"河"

　　宇宙中远不止银河一条"河",在银河系之外,还有很多与它相似的庞大恒星系统。这些"河外星系"有着不同的形状:有的像旋涡,有的像棒槌,有的像鸡蛋,有的像透镜,还有的呈不规则状。

　　因为宇宙中的星系太多了,天文学家只好用英文字母和数字来给它们编号,只有很少几个星系有自己的名字,如宽边帽星系、黑眼睛星系等,这些名字揭示了它们的形态特征。

◎最敬业的长跑健将

太阳带着地球等家族成员，不停地绕着银河系的中心飞奔。它围绕银河系中心转一周，要花两亿年的时间，如果太阳的年龄以50亿年来计算，那么太阳带着它的家族，已经不眠不休地绕着银河系中心转了25圈，真可谓最敬业的长跑健将！

◎一群"蚊子"在飞

银河系的恒星除了自身运动外，还都围绕着银河系中心运转。有人作过一个非常形象的比喻：恒星集团就像夏天傍晚聚在一起的一群蚊子，虽然每只蚊子在群内漫无目标地飞动，但是整个蚊子群却都朝着同一个方向移动。

◎航海家的天文发现

如果你有机会到中国南沙群岛去观察南半球的星空，会发现天空中有一大一小两片星云，国际天文学界把这两片星云称为大麦哲伦星云和小麦哲伦星云。

这个名字难道和500年前的葡萄牙航海家麦哲伦有关吗？不错，事实真的是这样。当年麦哲伦率领船队进行人类历史上第一次环球航行时，就曾对这两片星云进行了精确的描述。

起初，人们认为这两片星云是银河系里的天体，后来才测定出，它们不是由气体和尘埃组成的星云，而是远在银河系之外与银河系相似的庞大的恒星系统。

恒星：长明的天灯

恒星是由炽热气体组成的，能自己发光的球状或类球状天体。恒星都是气体星球。

◎恒星的诞生

宇宙发展到一定时期，其中充满了中子星云。这些星云里面有很多气体和尘埃，还会不断地吸收周围的物质，使得星云的体积越变越大。同时，星云又不断地收缩，使得中心的温度越来越高。当温度足够高时，星云里的氢原子就会变成氦原子，可以持续地进行核聚变。这时，一颗闪亮的恒星就诞生了。

对于任何一颗恒星来说，它既有产生的一天，也有衰老、死亡的一天。但一批恒星"死"去了，又有一批新的恒星诞生。因此太空中永远不会缺少明亮的"太阳"。

◎ 星星真的会闪烁吗

其实星星并不会"眨眼睛"。人们肉眼看到闪烁的星星，那是因为受到了大气层的影响。

地球表面被一层厚厚的大气层包裹，星星发射的光在传播到地球表面的过程中，受到了大气层的干扰，不停地发生折射和散射。因此，星星看起来就好像在眨着眼睛闪烁。

◎ 数以亿计的恒星

晴朗无月的夜晚，在无光无污染的地区，一般用肉眼可以看到约7000颗恒星。所以，目前能观测到的恒星只是极小极小的一部分。借助于哈勃天文望远镜，人们可以看到约10亿颗恒星。

◎恒星的亮度等级

公元前2世纪，希腊天文学家喜帕恰斯将肉眼可以看到的星星根据亮度分为6个等级。最亮的星星是一等星，亮度排名第二的是二等星，以此类推。等级数越大，星星就越暗；等级数越小，星星就越亮。

到了19世纪，天文学家发现一等星的亮度约为六等星亮度的100倍。这样，他们又把比一等星更亮的星星定为0等、–1等……把比六等星更暗的星星定为7等、8等……

太阳的亮度等级约为–27等。可见，太阳有多么明亮。

◎忽明忽暗的变星

恒星的亮度并不是恒定的，有些恒星的亮度还在不断地变化着。天文学家把那些亮度时常变化的恒星称作变星。现在已发现的变星有2万多颗，如新星、超新星等都属于变星。

◎色彩斑斓的星

你知道吗，星星的颜色也是丰富多彩的，有蓝色、红色、绿色、黄色、白色、橙色……

这是因为它们的温度各不相同。就像一块铁，加热以后先发红，随着温度的升高会变成白色。表面温度在3000℃左右的星星，发出的光偏红；表面温度在6000℃左右的星星，发出的光偏黄；表面温度在20000℃左右的星星，发出的光会偏蓝。

白矮星：恒星中的小矮子

白矮星是一种低光度、高密度、高温度的恒星。因为它的颜色呈白色、体积比较矮小，因此被命名为白矮星。

◎个头小，密度大

白矮星是恒星中的一员，它们虽然个头特别小——一般比地球还小，有的甚至比月亮更小，可是表面温度却很高，浑身发着白光。

别看白矮星个头不大，密度却大得惊人。就拿一颗和地球一样大的白矮星来说吧，它的质量比太阳还要大呢！而一般的白矮星，质量都比地球大几十万倍乃至几百万倍！

目前，科学家们已经发现了1000多颗白矮星。这个特殊的恒星群体除了体貌特征相似以外，还有一个共同点：它们都"年老体衰"，正在经历着自己生命的最后阶段。

◎如果人类在白矮星上

  人类发现的第一颗白矮星是天狼星的伴星，它虽然比地球大不了多少，质量却比地球大30万倍。

  在这个星体上，一块像火柴盒那么大小的石头就重达5000千克。如果地球有它那么大的密度，就会缩小成一个半径为200米左右的小球体。

  即使人类能够到达白矮星，也休想站起来。因为白矮星的引力是地球引力的18万倍，所以人的骨骼早就被自己的体重给压碎了！

◎ 最后的爆发

　　和人类一样，一颗恒星诞生后，不管寿命长短，经过一定的生命周期，最终都会死亡。如果把恒星的一生分为幼年、青年、中年、老年四个阶段，它们步入老年后，内部的核燃料近于枯竭，而内部的温度则达到极高点。

　　恒星外层的物质挡不住中心的引力而发生收缩，对质量不及太阳质量1.5倍的恒星来说，收缩的结果就是变成白矮星。在收缩的过程中，恒星会释放出巨大的能量，以至它表面的温度能达到10000℃以上，可实际上中心的核反应已经停止了，它最终将成为不发光的残骸。

◎ 超新星爆发

　　对于那些质量是太阳1.5~2倍的大个头恒星来说，变成白矮星还不是其归宿。它会在短短的几天时间内，引发一场惊天动地的大爆炸，坍缩成密度更大的中子星，同时释放出巨大的能量，亮度一下子增加了1000万倍以上，这就是"超新星爆发"！

　　超新星爆发是恒星世界中最激烈的大爆炸，但它被观测到的概率极低，人类上一次可以肉眼观测到的银河系内超新星爆发，是在1604年10月9日。

◎胖太阳

太阳的寿命大约是100亿年，它壮丽的一生结束后，最终也会成为一颗白矮星。不过在这之前，垂垂老矣的太阳会越长越胖，先变成体积很大的红巨星。等红巨星把所有的燃料耗尽，只剩下中心一颗很小的核时，才变成白矮星。

不过别担心，太阳现在的年龄只有50亿岁左右，正身强力壮，离毁灭的那一天还远着呢!

◎长"腿"的星体

1844年，一位英国天文爱好者发现，有一块星云的星体周围伸出几条弯曲的"腿"，像一只大螃蟹。天文学家经过研究计算，确认这块"蟹状星云"是1054年一颗超新星爆发后留下的遗迹。巧的是，在中国的古书中，竟然有关于这次超新星爆发的详细记载呢!

古书中关于历史超新星的记载具有十分重要的研究价值。而现代中外天文学史专家认可的、记录可靠的历史超新星共有7颗，它们在中国的历史文献中都能找到，而且最早的185年超新星和393年超新星，仅中国有记载。

黑洞:
可怕的"无底洞"

黑洞是宇宙空间内存在的一种超高密度天体,它是由质量足够大的恒星在核聚变反应的燃料耗尽而"死亡"后,发生引力坍缩产生的。

◎宇宙中的"血盆大口"

黑洞可不是普通的洞穴,它是一种特殊的天体,密度大得惊人。与太阳质量相同的一个黑洞,其平均密度高达每立方厘米200亿吨,强大的引力会把一切物质和辐射吞噬掉,包括光线。光线碰到黑洞,会像水被旋涡吸入一样,刹那间变得无影无踪。因此,要看到黑洞里面的东西是不可能的。

黑洞就像一头张着血盆大口的怪兽,只允许外面的东西进来,不允许里面的东西出去。任何物质只要靠近黑洞,都有去无回,所以说它是可怕的"无底洞"一点都不过分。

◎从何而来

那么,如此"嚣张"的黑洞究竟从何而来呢?原来,普通大小的恒星死亡后会坍缩成白矮星,巨大的恒星死亡后会坍缩成中子星,而质量特别巨大的恒星在耗尽所有的能量后,会坍缩成一个引力非常强的区域,这就是黑洞。

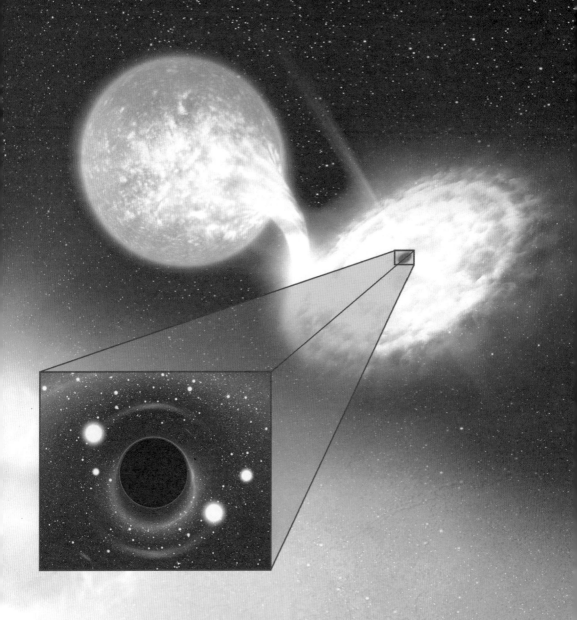

　　早在1978年，法国科学家拉普拉斯就依据牛顿引力理论猜测，宇宙中可能存在着一种奇异的天体。这种天体具有很强的引力，它所发射的光完全被它自身的引力拉住，即使速度高达每秒30万千米的光子也无法摆脱这种引力的牵制。

　　物理学的定律在这个天体的中心失去了意义，它巨大的引力甚至扭曲了空间和时间，因此这种天体即使存在，也无法为外界所观测到，这就是它被人们称为"黑洞"的原因。

◎玻璃弹珠大小的地球

　　白矮星、中子星的密度已经够大的了，但还远远赶不上黑洞。

　　用一个形象的比喻，要是地球的密度和白矮星一样大，那么它就会缩成一个直径仅几百米的球体；要是地球的密度相当于中子星，它就会像热气球那么大；要是地球被压缩成黑洞，那它就只有玻璃弹珠那么大了。

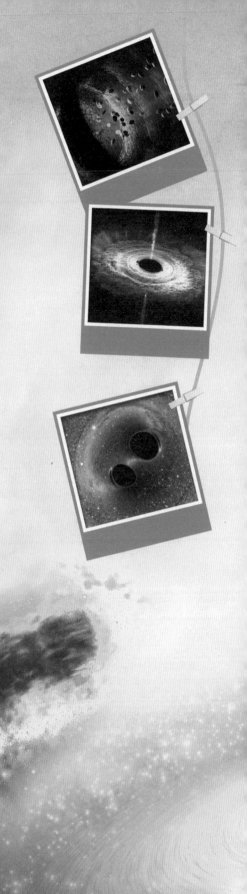

◎ 时间被 "冻结" 了

假如人类坐着一艘异常坚固、足以抗拒黑洞引力的飞船去探测某个黑洞。受黑洞引力的影响，当离黑洞越近时，时钟就走得越慢；当飞船到达黑洞的边界时，时钟慢得已经达到极限，时间被 "冻结" 了！而一旦飞船进入黑洞的世界，一切都荡然无存，时间和空间都到了尽头！

可是，地球上的监测者却永远看不见最后到底发生了什么，这不仅仅因为黑洞内漆黑一片，还因为到达临界点时，信号波将变得无穷大，完全丧失了传播能力，因此在监测屏上自然什么也看不见了。

◎ 最小的黑洞

黑洞的质量似乎没有上限，有一些甚至是太阳质量的数亿倍。那么，最小的黑洞究竟有多小呢？

2008年，美国天文学家发现了最小的黑洞，它的质量是太阳质量的3.8倍，直径只有24千米。

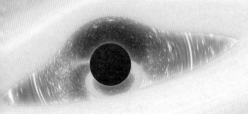

太阳：
太阳系的领袖

太阳是位于太阳系中心的恒星，它几乎是热等离子体与磁场交织着的一个理想球体。

◎ 太阳的起源

大约在50亿年前，宇宙中一个区域飘浮着的尘埃在无形的引力作用下集合在一起，慢慢紧缩，当核心温度越来越高，并到达一定程度后，爆发出红光，演化成为一颗原始的恒星。

原始的恒星不断增大，中心温度也不断增加，在这一过程中，释放出巨大的能量。于是，在

太阳　　　　水星　　金星　　　　地球　　　火星　　　　　　　　木星

银河系螺旋翼内侧的边缘，距离银河系中心大约2.5万光年，一颗名叫太阳的恒星就诞生了。

◎ 太阳系的主角

太阳是一颗正在燃烧的恒星，它释放出大量的能量，给我们带来光明，使地球的温度正好适合生命生存。太阳是太阳系中的主角，位居太阳系的中心，就像一家之主，影响着每个成员。太阳也是太阳系中的巨人，可以轻松地将100个地球纳入自己的肚子中。

◎ 太阳的组成成分

太阳是一个主要由氢气和氦气构成的又大又烫的气体星球。在太阳的核心区，氢原子不断地进行核聚变，变成氦原子，这时产生了强烈的光和热。这就是我们看到的太阳光。

◎ 太阳有多大

在地球上，人们用肉眼观察，感觉太阳好像并不大。其实，太阳大得惊人。太阳的直径约为139万千米，是地球直径的109倍。太阳的体积大约为地球体积的130万倍，质量大约是地球质量的33万倍。太阳看上去较小的原因是它离地球实在太远了，大约为1.5亿千米！如果与月亮相比，太阳就像一头大象，月亮就像一只蚂蚁。

星　　　天王星　　　海王星　冥王星

◎宇宙中的渺小太阳

太阳是太阳系中的领袖，影响着太阳系中的八大行星及其他天体。虽然太阳在太阳系中处于领导地位，但相对于浩瀚的宇宙来说，它只不过是一颗极其普通的恒星。它不仅自转，还围绕着银河系的中心公转。

太阳的亮度、大小和物质密度都处于中等水平。但与其他恒星相比，它离地球的距离最近，所以太阳看上去远比其他恒星更大、更亮。

◎太阳的一生

身强力壮的主序星　处于青壮年时期的恒星被叫作主序星。恒星一生的大部分时间都停留在主序星阶段。目前，太阳正处于这一阶段，相当于壮年期。

渐渐衰老的红巨星　科学家认为，太阳大约还能再发光50亿年。然后，太阳内部的温度会越来越高，也会变得越来越亮，体积会不断膨胀起来，比以前大很多倍，变成一个大火球。这时候，太阳进入老年阶段，天文学上称为红巨星。等太阳变成红巨星的时候，离太阳最近的水星和金星将被它吞没。这时，地球的温度会持续上升，直到热得不能住人，那时候人类就需要移居另外的星球了。

太阳的一生

诞生　　主序星阶段

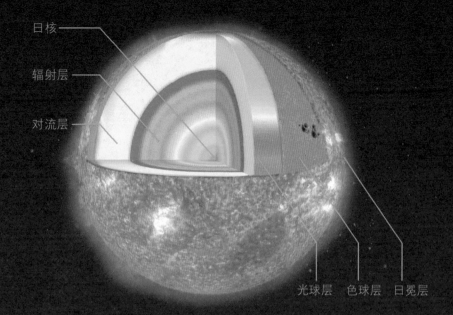

日核

辐射层

对流层

光球层　色球层　日冕层

　　蜕变新生的白矮星　再过一段时间，太阳散发的巨大热量会将它变成一个巨大的火球。到了这个时候，太阳的燃料已经耗尽了，它的内部核心会形成体积比以前小很多的白矮星。

　　生命尽头的黑矮星　变成白矮星的太阳自身已经没有燃料。它一边释放剩余的光和热，一边悄悄地冷却下来。经过漫长的岁月，它的生命也悄然停止，变成一颗体积小、密度大、磁场强的新天体——黑矮星，留在了浩瀚宇宙的某个角落里。

　　这就是太阳的一生。其实，与人类一样，太阳也经历着生老病死的过程。

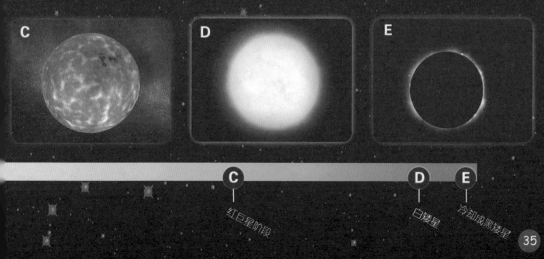

C

D

E

C 红巨星阶段　　　　　D 白矮星　E 冷却成黑矮星

太阳黑子：
太阳脸上的"雀斑"

太阳黑子是太阳光球上的临时现象，它们在可见光下呈现比周围区域黑暗的斑点。

◎太阳的真面目

太阳主要分为内部和大气两部分。太阳的内部即日核，是太阳的中心，温度可达到1500万摄氏度。也只有在这样的高温条件下，才可以产生核聚变反应。

太阳核心中的氢燃料足足可以燃烧100亿年，所以，在我们的有生之年，不用担心太阳的燃料会耗尽。

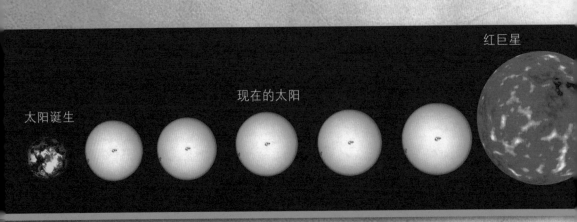

红巨星

现在的太阳

太阳诞生

◎太阳脸上的斑点

太阳是光明的象征，可太阳上常常会出现黑斑，也就是"太阳黑子"。我们知道，人越老脸上的斑就会越多。而有趣的是，科学研究认为，黑子越多也说明太阳越老。看来，这些黑子就是太阳公公脸上的"老年斑"呢！

黑子并不是黑色的，它只不过是太阳表面的低温区而已。要知道，太阳的表面温度有6000℃，而太阳黑子的温度在4500℃左右，这样，在明亮背景下就会显得黑暗了。

◎太阳黑子的样貌

中国是世界上公认的最早发现黑子的国家。2000多年以来，人们对太阳黑子形状的描述多种多样，大体可分为三大类：有圆形，如钱币、桃、李、栗、环、弹丸；有椭圆形，如鸡卵、鸭卵、鹅卵、瓜、枣；也有不规则形，如立人、飞鹊、飞燕，真是无所不有呢。

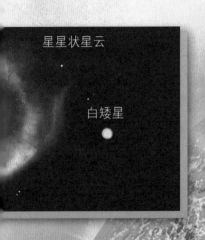

星星状星云

白矮星

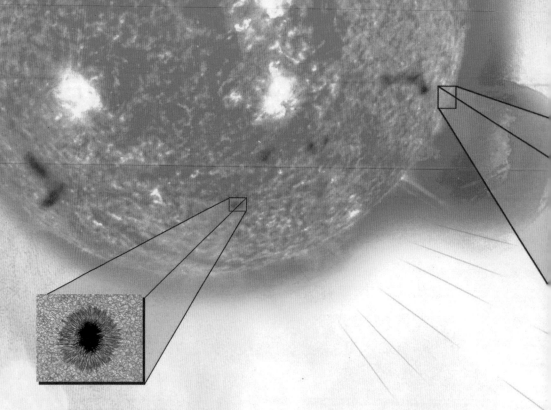

◎ 个头不小

黑子其实是太阳表面一种炽热气体的巨大旋涡，它们很少单独活动，经常成对或成群出现。每个黑子群由几颗到几十颗黑子组成，最多可达100多颗。你千万不要以为黑子很小，要知道，一颗小黑子的直径大约有1000千米，而一颗大黑子的直径则可达10万千米。

◎ 周期11年

黑子的变化周期大约为11年，这个数据是19世纪初德国一个名叫施瓦贝的天文爱好者推算出来的。施瓦贝喜欢用投影的方法观测太阳黑子，每天以此作为消遣，25年之后，他归纳出了太阳黑子的变化周期。

这个周期里有极盛时期，那时太阳表面不断地遍布着黑子，叫作"太阳活动峰年"；还有极衰时期，那时常常一连几日、几周甚至几个月没有一颗黑子出现，称为"太阳活动谷年"。

紫外线

X射线

◎ 黑子"大捣乱"

当太阳上有大群黑子出现时，就会引发地球上的磁暴现象，使得指南针乱抖，不能正确地指示方向；平时很善于识别方向的信鸽这时也会迷路；无线电通信也会受到严重阻碍，甚至会突然中断一段时间。这些反常现象还会使飞机、轮船和人造卫星的航行安全受到很大威胁。当地球的磁场和电离层被干扰时，还有可能在地球的两极地区引发极光。

◎ 究竟多好还是少好

黑子多的时候，地球上气候干燥，农业丰收；黑子少的时候，地球上气候潮湿，暴雨成灾。黑子多的年份，树木生长得快，小麦的产量较高，小麦的蚜虫也较少；黑子少的年份，树木生长得慢。

这样看来，似乎黑子多是好事。不过，任何事都有利有弊，黑子数目增多的时候，地球上的地震也多。所以，地震次数的多少，也有大约11年的周期性，这真是令人苦恼！

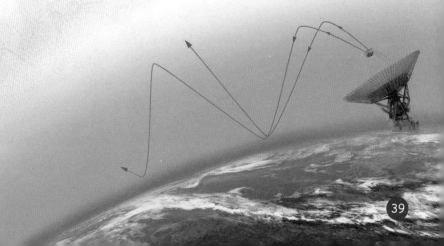

月球：
表面长满"青春痘"

月球是沿着椭圆形的轨道绕着地球运转的小星球。它是地球的卫星，也是距离地球最近的天体。

◎月球的特殊身份证

名称：月球、月亮。

别名：太阴、夜光、嫦娥、玉兔、金兔、金蟾、广寒宫、桂宫、瑶台镜等。

直径：3476千米，为地球直径的27%。

体积：220亿立方千米，为地球体积的1/49。

质量：7340亿亿吨，为地球质量的1/81.3。

表面最高温度：约130℃。

夜晚最低温度：−170～−185℃。

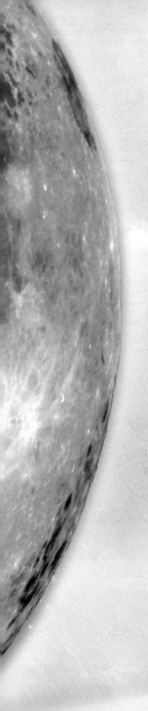

◎ 奇形怪状的 "碗"

月球上除了起伏的群山，还有非常奇特的环形山。这些环形山就像一只只大碗，中间凹下去，周围凸起来。在月球上，这样的环形山多得数不清，光月球正面，直径超过1000米的环形山就有3万多座。

目前，大家普遍认为，这些环形山是由宇宙中的陨星与月面撞击而形成的陨星坑。而我们生活的地球，是因为有大气层和水圈的保护，才幸运地没有被撞出像月球表面这样坑坑洼洼的"青春痘"来。

◎ 有名字的环形山

月球上的环形山多数以科学家的名字命名，例如居里夫人、布鲁诺、门捷列夫等，也有一些以中国古代和近代著名科学家的名字命名，像张衡、祖冲之等。

其中还有一座环形山被命名为"万户"。这个万户是中国明代的一名官员，他为了实现飞天的梦想，将火箭绑在椅子上，试图坐着椅子飞上天去。虽然实验以失败告终，但他可以算得上全世界第一个试验乘火箭上天的人呢！

◎ 月球上有海洋吗

在地球上仔细观察月球，我们能看见一些暗灰色的部分。科学家通过望远镜观察后，猜测这些阴暗的部分可能是水，于是就把这些部分想象成海洋。

直到"阿波罗11号"宇宙飞船登上月球，宇航员才发现，月球上并没有海洋。

那么，这些暗灰色的部分是什么呢？实际上，这是一些面积大小不一的低洼平原。由于它们的地势比较低，又是由岩浆凝固而成的，所以反射的太阳光比较少，看起来比其他部分要暗一些。

◎ 月球的"肿瘤"

据科学家诊断，月球表面真的长了"肿瘤"，它们的名字叫质量瘤，就是月球上的某些质量密集区和引力异常区。

当飞船环绕月球飞行，接近月面的环形月海时，有时会发生莫名其妙的抖动和倾斜，而造成这类现象的原因就是这些质量瘤！

月球的"肿瘤"究竟是怎么形成的？是内部的熔岩流出而致，还是外来天体的残留？这个未解之谜就等着我们一起去探索解密吧！

◎ 如果没有月球

　　地球不能没有月球。如果没有月球，地球就会变得与现在完全不同。地球的中心有一个假想轴，也就是地轴。月球可以帮助地球固定这个轴。

　　如果没有月球，地球就会歪斜。那样的话，地球上的生态系统就会被破坏。地球也将转得更快，火山、地震会频繁出现，还会出现巨大的风暴。而地球上的人类及现有的许多生物将有可能因无法适应新的环境而灭绝。

登月：
去一个新的世界

登月是指人类利用自身开发的载人航天器将人类的宇航员送上月球。随着科学技术的发展，人类未来可能建立沿月球轨道飞行的实验室，把月球作为登上更遥远行星的一个落脚点。

◎ 第一次登月

1969年7月16日上午，巨大的"土星5号"火箭载着"阿波罗11号"飞船从美国肯尼迪角发射场点火升空，开始了人类首次登月的太空旅行。

美国宇航员尼尔·阿姆斯特朗、埃德温·奥尔德林和迈克尔·科林斯驾驶着宇宙飞船,跨过38万千米的征程,承载着全人类的梦想踏上了登月之程。美国东部时间1969年7月20日下午4时17分42秒,阿姆斯特朗将左脚小心翼翼地踏上了月球表面,这是人类第一次登上月球。

他们在月球表面上共停留21小时18分钟,采回22千克月球土壤和岩石标本。1969年7月25日清晨,"阿波罗11号"指令舱载着三名航天英雄平安落在太平洋中部海面,人类首次登月宣告圆满结束。

◎寂静的世界

月球上不但没有任何生命,甚至连一丝声音都听不到,四周都静悄悄的。原来,月亮上没有空气,声源的振动根本传不出去,结果就剩下一个绝对寂静的世界了。

在1969年首次登上月球时,两名宇航员虽然近在咫尺,却也只能依靠无线电来通话。

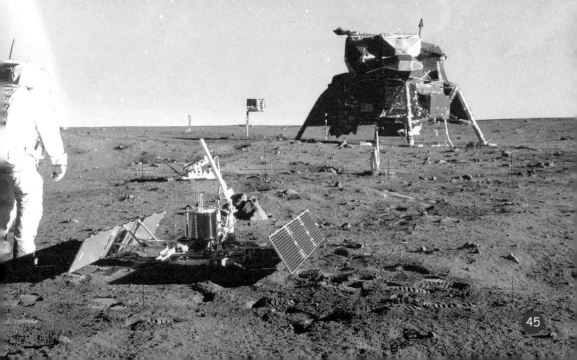

◎ 月球的"皮肤"

美国阿波罗登月计划和苏联探月计划曾从月球上采集了380多千克的岩石样品,让人类第一次触摸到月球的"皮肤"。但由于技术限制,这些样品的采样点主要集中在月球正面;而找到月球背面的陨石,则比中大奖还难。

目前,全球一共找到130多块来自月球的陨石,其中,来自于月球背面的陨石不超过5块,还不足总量的4%。

◎ 留在月球上的脚印会消失吗

由于月球上没有液态水,没有空气,当然也就没有地球上的风霜雨雪。所以不会有雨水冲走月面的泥沙,也不会有狂风吹走轻盈的尘土。

由于没有大气层,阳光可以毫无阻挡地照射到月面上,月球上的岩石也许在温度剧变下会逐渐破碎,但这对月球表面上的尘土没有影响。

月球上也会发生轻微的月震，但与我们在地球上所看到的地震不同，月震不会造成月球表面巨大的地形变化。

因而，对宇航员留在月球上的脚印会产生破坏的只有太阳风和宇宙粒子流，而靠这些力量要磨损1毫米的月面尘土，就要花上几千万年的时间。因此可以推断，阿姆斯特朗留下的脚印至今还印在月面上。

◎ 月球上的一天

地球上一天是24小时，那月球上的一天是多久呢？月球自转一圈大概需要27.3天，所以月球上的一个白天差不多相当于地球上的14天，月球上的一个夜晚也差不多相当于地球上的14天。所以月球上的一天，大概为地球上的一个月时间。

日食和月食：
太空光影魔术

日食是指月球运行至太阳与地球之间时，人们看到太阳光被遮挡的特殊天文现象。

月食是指月球运行至地球的阴影部分时，人们看到月球反射光被遮挡的特殊天文现象。

太阳

◎太阳躲到了月亮背后

当月球运行至太阳与地球之间，如果此时三者正好位于同一条直线上，就会发生日食现象。在太阳的照射下，月球背向太阳的一面是黑暗的，月球的影子就会投射到地球表面，被月影扫过的地带和地区，人们便可以看到太阳的圆面被月球遮掩，这就是日食现象。

◎究竟是谁吃掉了太阳

在世界各国的古老传说里，很多都把日食的发生看作是一头怪物正在吞吃太阳。

在中国古代，这怪物是住在天上的一条狗，名叫"天狗"；越

48

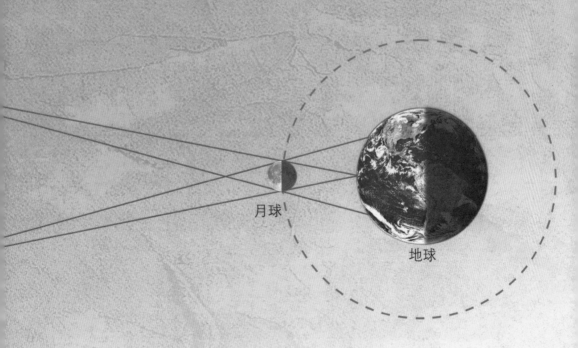

月球

地球

南人说，那食日的妖怪是只大青蛙；阿根廷人说，吃太阳的是只凶狠的美洲虎；西伯利亚人说，那是个可怕的吸血僵尸；古埃及太阳教的教徒们则相信，天上藏着一条可以吞食太阳神的无比巨大的蟒蛇。

◎ 追赶影子的"牛人"

自然状态下，日全食时间最长约为7分31秒。但在1973年，法国的一位天文学家为了延长观测日全食的时间，在非洲搭乘第一架协和飞机原型机，以超过两倍音速的速度飞行，从而使观测时间延长到了74分钟！

◎远在天边的首饰

　　想在太阳周围镶嵌一串珍珠？没人做得到，但是月亮做到了！法国天文学家贝利第一个发现了这串"美丽的珍珠"，原来当窄窄的弯月形的光边穿过月面上粗糙不平的谷地时，洒落了许多特别明亮的光线或光点，就好像在太阳周围镶了一串美丽的珍珠，后来人们称这些光点为贝利珠！

　　除此之外，月亮还是一个优秀的钻戒雕刻大师呢！在太阳光到来的瞬间，位于月球边缘不整齐的山谷来不及完全遮住太阳的光芒时，没有被遮住的地方就形成了一颗晶莹的"钻石"，而周围淡红色的光圈自然就是钻戒的"指环"了。

　　这不，你瞧，天上多了一枚镶嵌着璀璨宝石的钻戒，那无与伦比的美真叫人惊叹不已呢！

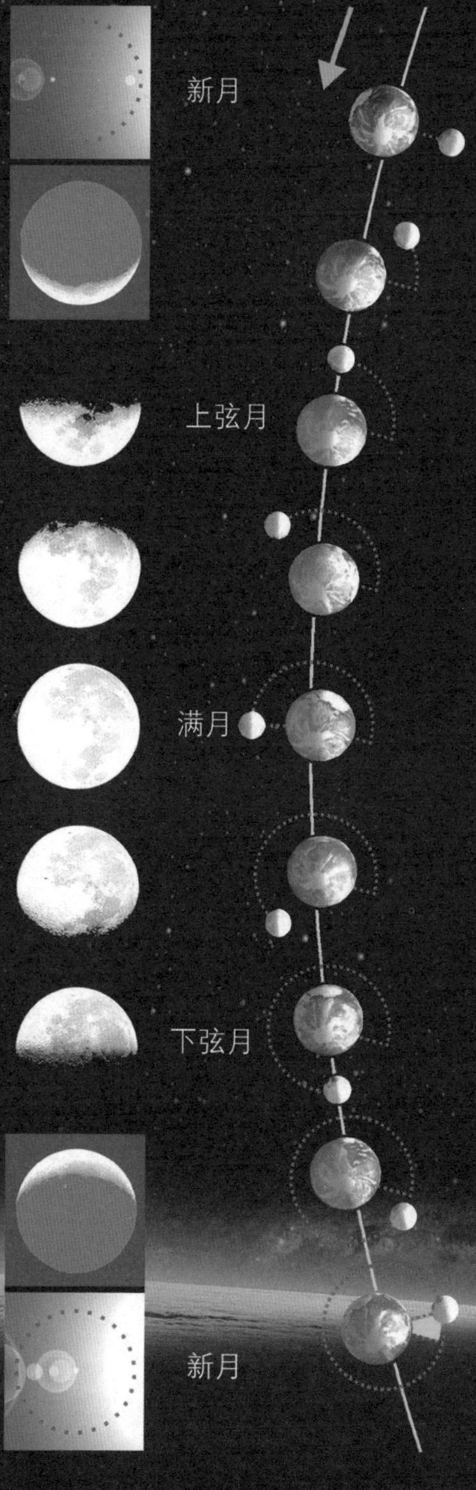

新月

上弦月

满月

下弦月

新月

◎ 月球走到了阴影里

月食一般发生在农历十五前后。当地球转到太阳和月球之间时，太阳、地球、月球几乎在同一条直线上。此时，从太阳照射到月球的光线，会被地球的本影所掩盖，于是就形成了月食。

当月球被地球的本影全部掩盖时，就发生了月全食；若一部分被掩盖，就发生了月偏食。每年发生月食的数量一般为2次，最多发生3次，有时1次也不发生。

金星：
最烫的行星

金星是太阳系八大行星之一，按离太阳由近及远的次序，它排第二颗，距离太阳0.725天文单位。它是离地球最近的行星（火星有时候会离地球更近）。

◎地球的"孪生姐妹"

金星是太阳系中离地球最近的行星，有时也被人叫作地球的"姐妹星"。因为它同地球一样非常年轻，地表年龄约5亿年，而且它的质量、体积都与地球类似，并且也被云层和厚厚的大气层所包围。

不过，这对"孪生姐妹"的"脾气"可大不相同。如果说地球是"温柔的姐姐"，那金星就是"暴躁的妹妹"。

金星的天空是橙黄色的，经常电闪雷鸣，狂风肆虐。金星上记录到的最长的一次闪电竟然持续了15分钟之久。

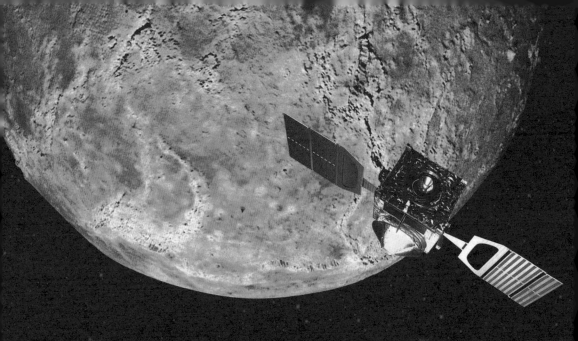

◎ 温度高得惊人

　　金星是全天中除太阳外最亮的星，比著名的天狼星还要亮14倍，犹如一颗耀眼的钻石。因此在罗马神话中，金星被视为美神"维纳斯"的化身。可是，这颗星的本性却很火热呢！

　　虽然金星离太阳的距离大概要比水星离太阳的距离远一倍，并且得到的阳光只有水星的四分之一，可是比起水星，这儿的表面温度真是高得吓人。

　　金星的表面温度高达465～485℃，在近赤道的低地，极限温度更是高达500℃，是太阳系中温度最高的行星！而更糟糕的是，在这样高的温度下，金星上找不到一滴液态水。

　　导致金星表面温度居高不下的罪魁祸首原来是"温室效应"。因为金星的大气主要由二氧化碳组成，并含有少量的氮气。大量二氧化碳的存在使得温室效应在金星上尤为明显，几乎不受昼夜、四季、纬度变化的影响。

　　在这样一个高温、闷热、令人窒息的世界里，实在不适宜任何生命的成长。

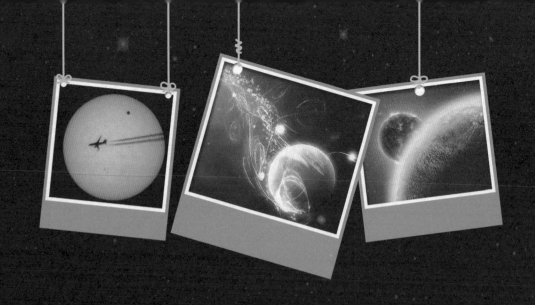

◎ 太阳也会从西边升起

在地球上，不只是太阳，包括月亮、星星都是东升西落的，那是因为地球在自西向东自转着。

所有的行星都在自转，金星当然也不例外。但是金星比较有个性，它是反着转的，即自东向西旋转。在金星上看，太阳和星星都是从西边升起、往东边落下呢！

◎ 地貌复杂

在岁月的洗礼下,金星的表面产生了巨大的演变。金星是一颗地貌情况非常复杂的行星。其表面的大部分地区是平原,此外便是高地、裂谷和火山。

金星上最大的高原比中国的青藏高原还要高2倍,最高的山峰比世界最高峰——珠穆朗玛峰还要高得多。

◎ 慢腾腾的金星

金星不但反着转，而且动作还很慢！众所周知，地球的自转周期是1天，而金星呢？其自转周期竟然需要243天（以地球的一天为计算单位）！

科学家都在为金星转动的缓慢和逆行而头疼呢！他们推测，这是因为在数十亿年的岁月中，浓厚的大气层上的潮汐效应减缓了金星原来的转动，才造成了如今的情况。

◎ 金星凌日

当金星运行到太阳和地球之间时，我们可以看到在太阳表面有一个小黑点慢慢穿过。这种天象称为"金星凌日"。天文学中，往往把相隔时间最短的两次"金星凌日"现象分为一组。这种现象的出现规律通常是8年、121.5年，8年、105.5年。

木星：
太阳系中最大的星

木星是太阳系从内向外的第五颗行星，亦为太阳系中体积最大、自转最快的行星。

◎ 最大的行星

木星是太阳系中最大的行星。木星的质量很大，大约是地球质量的300多倍。它的体积也很大，大到可以容纳160多个地球。

在太阳系的八大行星中，木星的自转速度是最快的，自转一周只需要9小时50分钟。也就是说，木星上的一天还不到地球上的10小时。

此外，木星还拥有数量众多的卫星，已知的卫星有67颗。

◎ "大嘴怪兽"

木星是太阳系中最大的一颗行星，那它是怎样变身为"老大"的呢？原来，木星就像一个拥有超级大嘴的怪兽，如果有不知好歹的行星冲撞了它，它就会

毫不犹豫地吞掉这些不速之客。

在太阳系形成之初，行星间曾经展开过残酷而激烈的"生存竞争"。在这个弱肉强食的战场上，木星曾经吞噬了一个相当于地球10倍大小的行星，才变成了今天的庞然大物。

◎ 木星也有光环

科学家们从"旅行者1号"发回的照片中发现，木星也有光环。木星光环主要由亮环、暗环和晕三部分组成，环的厚度不超过30千米。其中，亮环距离木星的中心约13万千米，宽6000千米。暗环在亮环的内侧，宽达50000千米。亮环的外缘还有一条宽约700千米的亮带。木星的光环是由大量尘埃和碎石组成的，但木星环要比土星环暗得多。

木卫一

木卫三

木卫四

木卫二

◎ "保镖"还是"刺客"

人们曾经认为木星担当着地球"保镖"的重要角色，因为行星形成过程中留在太阳系外围区域的"脏冰团"——彗星很喜欢撞击地球的表面，而且一不小心就会在方圆几千米的范围内造成巨大的破坏。

但木星的引力就像一双强有力的大手，可以将这些横冲直撞的彗星拖离原来的轨道，一直拖到太阳系的边缘。可见木星就像一个忠实的"保镖"，为我们阻挡了天大的危险。但事实真的如此吗？科学家经过研究发现，事情并没有这样简单。

如果没有这颗巨行星的存在，那么几乎没有任何彗星会擦着地球"嗖"的飞过。这是因为，木星不但拖走彗星，同时也将它们从太阳系外围的"冰库"中拉到了地球的身边。

由此推测，如果木星离地球远去，地球和彗星"火并"的概率将不会发生任何改变。

◎ 与 "长尾天使" 的邂逅

1994年7月16日，发生了震撼世界的彗星连珠撞木星的事件，到现在人们还记忆犹新。

这次事件的肇事者是 "长尾天使" ——"苏梅克-列维9号" 彗星。它的样子很怪，彗核分裂为21块，一字排开，就像一串糖葫芦。然后，彗核碎块以大约每秒60千米的速度，一个接着一个撞向木星，演出了太阳系历史上极为壮丽的一次邂逅！

◎ 换领新的 "身份证"

木星是一个巨大的液态氢星球，本身已具备了无法比拟的天然核燃料，而且它的中心温度已经达到了进行热核反应所需的高温条件。木星在经过几十亿年的演化之后，中心压力也已经达到最初核反应时所需的压力水平。

一旦木星上爆发了大规模的热核反应，以千奇百怪的旋涡形式运动的木星大气层将充当释放核热能的 "发射器"。到时候，木星或许会改变它的身份，从一颗行星变成一颗名副其实的恒星。

水星：
最亲近太阳的星

水星是太阳系八大行星最内侧也是最小的一颗行星，也是离太阳最近的行星。

◎ 与太阳很亲近

水星是距离太阳最近的行星。水星有一层稀薄的大气层，主要由岩石外壳和铁质核心构成。水星的密度较高，与地球差不多。但这颗行星却不像水一样温柔，如果你真的身处水星，还没欣赏到美景你就早已被烧成炭灰或是冻成冰棍了。

◎ 极度温差

水星与太阳的距离约为5800万千米。在水星上，被太阳照射到的地方，温度可以达到惊人的430℃。而与之相反的，在水星极地的黑暗陨坑内，这里的温度却可以低到-170℃以下。

在这样恶劣又残酷的自然环境中，根本没有液态水存在，因而一切生命都无法生存！

硅酸盐地壳 —————

硅酸盐地幔 —————

铁核 —————

◎羞答答的美人

　　水星是太阳系中公转周期最短的行星，绕太阳一圈仅需88天。

　　尽管在地球上用裸眼就能看到水星，但由于它接近太阳，且只在日出和日落时才会羞答答地出现，想一睹庐山真面目，真的非常不容易。

◎访问水星

1973年11月3日，美国发射了"水手10号"宇宙飞船，第一次对水星进行飞近探测。它共向地面发回了5000多张照片，为了解水星提供了珍贵的信息。

根据"水手10号"拍摄的照片显示，水星的表面到处坑坑洼洼，大大小小的环形山星罗棋布。这些环形山都以世界上著名的画家、作家及音乐家的名字来命名，其中包括音乐家莫扎特和作曲家巴赫。

在宇宙中运行，水星受到无数次陨石的撞击。当水星受到巨大的撞击后，就会形成盆地，周围则由山脉围绕。盆地之外是撞击后岩浆喷出物以及由熔岩形成的平坦的洪流平原。

经过几十亿年的演变，水星表面还形成许多褶皱、山脊和裂缝，彼此相互交错。因此，水星并不像水面那样平滑，其表面不仅有高山、平原，还有令人胆寒的悬崖峭壁。最长的断崖可达数百千米，落差最高可达3千米。

◎ 稀罕的磁场

除地球外，水星是太阳系类地行星中唯一一颗拥有显著磁场的行星。尽管如此，它的磁场强度也不到地球的百分之一。

但是对于一颗行星来说，磁场的有无绝非小事。比如地球，正是因为有了磁场，才构成了地球上生命的保护伞，帮助抵挡有害的太阳辐射和其他宇宙射线。如果没有磁场，地球上将很难有生命存在。

◎ 危险分子

水星绕太阳运转的轨道是八大行星中偏心率最大的轨道。也就是说，水星的公转轨道是最扁的。

最新的计算机模拟显示，在未来数十亿年间，水星的这一椭圆轨道还将变得更扁。这样就使水星有1%的机会和太阳或金星发生撞击。更令人担忧的是，水星这样混乱的轨道运动将有可能打乱太阳系其他行星的运转轨道，甚至导致水星、金星或火星的轨道发生变动，并最终和地球发生相撞。

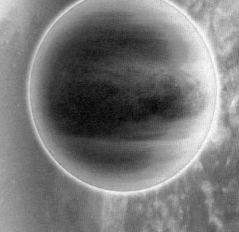

火星:
"火星人"究竟在哪里

火星是太阳系八大行星之一,是太阳系由内往外数的第四颗行星,属于类地行星,直径约为地球直径的53%。

◎火星上没有火

火星属于"沙漠"行星,没有稳定的液态水。以二氧化碳气体为主的大气层既稀薄又寒冷,沙尘悬浮于其中,常年发生尘暴。火星的两极是由水冰与干冰组成的极冠,会随着季节消长。

火星表面有大量的赤铁矿,因此外观呈现出火红色,像燃烧着的熊熊的烈火。其实,火星上并没有火,它的表面荒凉沉寂,遍地都是被陨石撞击后形成的坑洞。

◎生命猜想

从理论上讲,火星是有能力造就生命的。火星上有太阳系中最大的火山和峡谷,它就像一个被抽干的海洋,有着显著的海岸线。而地球上的河床、冲积平原以及洪水留下的溪谷,同样能在火星上找到。火星的大气主要由二氧化碳构成,这和我们地球出现生命之前的大气结构也很相似。

但现在的火星上几乎没有大气，也没有流动的水，那它们到哪里去了呢？它们是不是被灾难性的宇宙冲撞给撞飞了？还是它的保护伞——磁场消失后，整个星球被无情的阳光烤焦了，最后水慢慢地被分解为分子，使大气和海洋一点点地消失了呢？人类需要继续探索，才能解开这些谜团。

◎ 冰层下休眠的"火星人"

火星部分地区的表面笼罩着一层神秘的薄雾，它的主要成分是甲烷气体。科学家还在"火星雾气"的同一地带发现了由水蒸气形成的云层，而水正是维持生命至关重要的"饮料"。

美国航空航天局还透露，这些"火星生命"很可能就生活在火星部分地区的冰层下面。科学家甚至相信，这些"火星生命"如今仍然存活着，否则火星的大气中不可能有持续不断的甲烷产生。

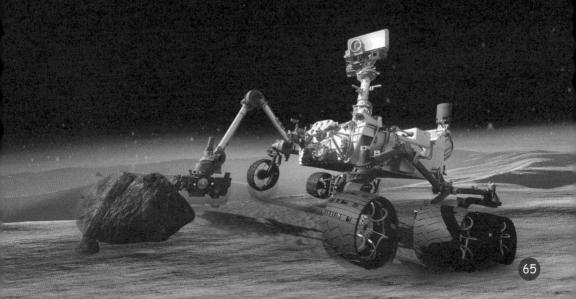

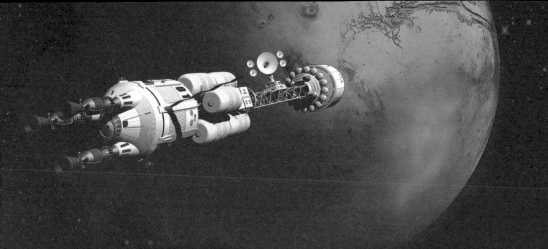

◎ 火星上曾有湖泊

你可能会想：火星已经干旱了近6亿年，小动物和"火星人"恐怕早就被渴死了吧？哪里还会有什么生命的影子呢？但是，美国航空航天局于2013年在火星上发现了古老的火星湖残迹，这再一次证明了火星的表面的确曾经出现过水源。

虽然火星表面因为承受着极大的辐射和冰冻而没有生命迹象，但是，地表下的生命有可能受到保护。谁说在地表的细小裂缝中不会生存着小细菌或其他微生物呢？

◎ 火星误读

早在1877年，一位意大利天文学家就观测到火星表面有一些细长的线条，好像是水道。一些科学家就此设想：火星世界也拥有古老的文明，由于火星气候的恶化，致使火星人不得不开凿运河从大的湖泊中引水灌溉。但令人失望的是，这个假设被否定了，火星上并没有"运河"——那只不过是人们的视觉误差而已。

美国航空航天局还曾经拍摄到一张照片：火星的表面出现了一张巨大的人脸，有眼睛、鼻子和嘴，看起来活像埃及法老。这张照片风靡全球，似乎证明了火星上曾经存在着高度发达的文明。可25年后，它被证实只是火星上一座普普通通的平顶山。

◎ 火星探测器

2003年，美国的两个火星探测器"勇气"号和"机遇"号一前一后踏上了奔赴火星的征途。

这两个火星探测器看上去都只有一辆电瓶车那么大，但它们基本糅合了以往美国火星探测器的最大优点，并且各自装备了最多功能的设备。虽说两辆火星车的体形同高尔夫球手推车差不多，但它们一定是世界上最昂贵的"推车"，其总价值高达8.2亿美元呢！

土星：
戴草帽的"美人"

土星是太阳系从内向外的第六颗行星，体积则仅次于木星，并与木星、天王星及海王星同属气体（类木）巨星。

◎ 名字的由来

土星上狂风肆虐，沿东西方向的风速可超过每小时1600千米。中国古代人肉眼观测到这颗行星的颜色为黄色，根据五行（木青、金白、火赤、水黑、土黄）学说，才有了土星这个说法。中国古代人又称土星为镇星。在西方，人们用罗马农神"萨图努斯"的名字为土星命名。

◎ 太阳系的"美人"

土星那淡黄色球体的腰部，缠绕着一道扁平的光环，远远望去，就像女孩头上戴着的一顶"花草帽"。要知道，"戴草帽的星"这个外号可不是我独创的，大伙儿都这么叫它！

起先，大家都以为土星的光环和土星是一个不可分割的整体。在伽利略最早发现这圈光环的时候，因为只观测到了光环的一部分，还将它形容为土星的一对"耳朵"呢。

其实，土星的光环不是一整块，它的中间是有空隙的，而且不止一条。这些空隙将大光环切割成成千上万个同心环，就像是一张唱片上刻满了一道又一道的纹路。而且这张"唱片"的里外圈颜色都不一样，里圈为明亮的紫色和蓝色，外圈则是黄色和红色，这是由于光环内外圈物质颗粒的大小不同而造成的。

◎ 卫星众多

土星的光环由无数颗冰粒和碎石块组成，它们很可能是一些古老天体的残渣。它们有的大，有的小，就像是千千万万颗小卫星，正沿着自己的轨道，浩浩荡荡地结伴而行。

2004年7月1日，历时7年、飞越了35亿千米的"卡西尼号"探测器终于成功地进入了土星轨道！它发回的探测资料表明，土星光环中存在着一系列新级别的卫星，仅在一个土星光环中就可能存在着上千万颗这类小型卫星呢！

◎ 谁动了土星的"草帽"

2008年的圣诞节，人们从望远镜中看土星时，会惊奇地发现：美丽的光环消失了！其实，"草帽"并没有被偷走，此时，它正好侧向对着地球。

从2008年初开始，土星的光环逐渐地在朝地球倾斜，到年底的时候几乎完全侧向对着地球，和我们视线的夹角只有0.8度。从这个角度去看，原先宽大、明亮的土星环变成了一条将土星一分为二的暗线，从精度不那么高的望远镜中看起来，它就好像消失了。

这一现象被称为"环面穿越"——另一种罕见的美！在穿越真正发生的时候，土星就会改头换面，从"光环之王"变成一块光滑的"鹅卵石"。

◎ 最倒霉的区域

在土星所有的光环中，E环无疑是最为奇特的。E环是所有光环中最细的一条，但就是这么一条"羸弱"的光环，却总是遭到分布在土星周围的微型卫星的撞击。

由于每天都会遭到其他天体的猛烈撞击，F环不得不说是太阳系中最倒霉的区域！

天王星、海王星：远离太阳的星

天王星是太阳系由内向外的第七颗行星，其体积在太阳系中排名第三，质量排名第四。

海王星是环绕太阳运行的第八颗行星，是围绕太阳公转的第四大天体（直径上）。

◎这颗星星有点懒

天王星是太阳系大家庭中"最懒惰的孩子"。在太阳系中，其他七大行星都是"站立"着自转和公转的，只有天王星不管是自转还是公转，都是"躺着"的，所以天王星又叫"懒汉"星。当然，这也不能怪天王星，谁叫它的赤道面与公转轨道面的倾角是97°55'呢！

◎ 第一颗用望远镜发现的行星

1781年，德国天文学家赫歇尔在旅居英国期间，用自制的一架望远镜观测天空，第一次在人类历史上用望远镜发现了天王星。

其实早在1690年，一个名叫弗兰姆斯蒂德的英国天文学家就曾在望远镜中看到过天王星，只是因为观察得不够细致，以至于把它当成了一颗亮度较低的恒星。事实上，如果弗兰姆斯蒂德再多点耐心，就会发现它的位置是在变化的。就这样，一位缺乏耐心的天文学家便与这个"世纪大发现"失之交臂了。

◎ 42年一个昼夜交替周期

地球的一个昼夜是24小时，而天王星上的每一昼、每一夜都要持续42年才能变换一次。太阳照射到的那面，是漫长白天的夏季；而背对太阳的，则是漫长寒冷的冬夜。

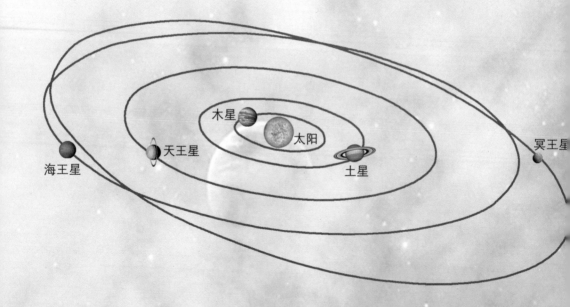

木星
太阳
天王星
海王星
土星
冥王星

◎ "计算出来" 的海王星

　　海王星又被称为"笔尖上发现的星"。当时，天文学家们根据万有引力计算发现，太阳系平衡状态的维持还缺少一个力（海王星提供的），人们猜测还有个星系的存在。而演算出海王星轨道的，一个是法国人勒维烈，另一个是英国人约翰·亚当斯，两人在1845年几乎同时"算"出了海王星的存在。

◎ 节省时间的星

　　与天王星自转一周需要42年不同，海王星自转一周仅需要15小时57分钟59秒。换句话说，海王星上的一天只相当于地球上的16个小时。

◎ 没有生命

　　海王星有着与大海一样的颜色，西方人称之为"大海之神"。这是因为海王星的大气层以氢气和氦气为主，还有甲烷。

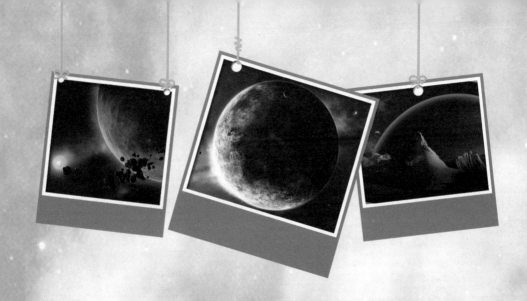

正是大气层中的甲烷吸收了日光中的红光，使得这颗行星穿上了一件充满魅惑的蓝色外衣。

但这颗蓝色星球上出现智慧生命的可能性不大，因为它的"脾气"实在过于古怪。首先，海王星由于远离太阳，表面温度在−170℃左右。其次，海王星上常年风暴肆虐，风速高达每小时约2100千米。

冥王星:
哭着离开行星行列

冥王星自1930年被发现后，一直与其他八大行星并称为九大行星。但在2006年，冥王星退出九大行星之列，被降为"矮行星"。

◎冥王星的发现

冥王星曾被认为是离太阳最远的一颗大行星。1930年3月13日，美国天文学家汤博发现了它，国际天文学界很快把它列为太阳系中的第九大行星。

冥王星距离太阳相当遥远，接受到的太阳光和热量非常少，只有地球的几万分之一。因此，冥王星上又黑又冷，朝向太阳的那一面的温度也只有–220℃。

◎猜疑不断

随着天文观测水平的提高，对冥王星的质疑也越来越多，其中主要有两点：一是它的质量太小，质量仅为地球质量的0.3%，还不及月球；二是它的轨道偏心率太大，远远大于其他八大行星。

除此之外，还有一个最关键的问题：冥王星并不像其他的八颗行星一样，在一个很单纯的轨道上绕太阳运动。它的运行轨道附近还存在一大堆小天体，和它大小接近的就达1000多颗。

　　于是科学家推断，和冥王星一起绕太阳运转的直径大于100千米的天体达10万颗左右，很像小行星带的情形。这么多小天体和冥王星一起在一个轨道上运动，只不过冥王星是最早被发现的那颗而已，而且它也不是最大的，所以，冥王星的地位岌岌可危。

◎ 终被降级

　　2006年8月24日，在捷克首都布拉格举行的国际天文学联合会第26届大会上，天文学家对太阳系内的天体进行了重新分类，新增加了一组独立天体——矮行星，就是介于行星与小行星之间的星体。

　　联合会还投票通过决议，把冥王星开除出行星之列，将它归于"矮行星"。最后，冥王星只得无可奈何地走下曾经风光无限的大行星宝座。

◎矮行星的特点

当太阳系中的天体具有以下四个特点时，它就要归为矮行星：一是绕太阳公转；二是有足够大的质量，能够依靠自身的引力维持近球形的形状；三是不能清除在其近似轨道附近的其他小天体；四是不属于卫星。

◎又一次丢了"面子"

冥王星在2006年8月被开除出行星队伍之后，就自然而然地被认为是矮行星中的龙头老大。然而，到了2007年6月，两名美国科学家测算出了矮行星厄里斯的精确质量，约比冥王星大27%。

厄里斯虽然只有月球一半大，但"身材"比冥王星魁梧，两者的直径分别为2400千米和2270千米，所以，厄里斯才是已知最大的矮行星。

面对质量超过自己的新秀，冥王星又一次丢了"面子"，它不得不将矮行星老大的地位拱手让了出来，退居第二。

◎《抗议冥王星降级请愿书》

在冥王星被从大行星俱乐部中除名之后，数百名科学家曾联合起来抵制这一决定。

更有12名天文学家联名在英国《自然》杂志网络版公开发表了《抗议冥王星降级请愿书》，严重质疑国际天文学联合大会通过投票表决的方式让冥王星离开"行星宝座"的做法。

他们认为投票天文学家只占全球天文学家的5%，依据这样的比例作出的决定十分"草率"，缺乏说服力。

万有引力：
抓住万物的"大手"

万有引力是指任何物体之间都有相互吸引力。质量越大，吸引力就越大；距离越近，吸引力也越大。

◎万有引力定律

1687年，英国科学家牛顿发现了万有引力。任何物体之间都有相互吸引力，这个力的大小与各个物体的质量成正比例，而与它们之间的距离的平方成反比。

万有引力的发现，是17世纪自然科学最伟大的成果之一。它第一次揭示了自然界中物体相互作用的基本规律，把地面上的物体运动的规律和天体运动的规律统一起来，对物理学和天文学的发展具有深远的影响。

◎强大的万有引力

万有引力支配着宇宙内各天体的运动方式。比如月球围绕着地球公转，就是由月球和地球之间的万有引力而引起的。

在宇宙中，地球只是一颗比较小的行星。但地球的引力足以使我们牢牢地站在地面上，不会飞向太空。其

他天体也一样，万有引力均匀地分布在星球的各个方向，将天体拉扯成一个从中心到表面距离大致相等的球体。

◎地球引力

地球引力是万有引力的一种表现，它看不见，摸不着，却无时无处不在。如果地球没有引力，那么，开始飘浮的不仅仅是铅笔和纸张，更严重的还有我们赖以生存的两样东西——大气，以及海洋、河流、湖泊里的水，它们同样都是靠地球引力才得以环绕着地球或留在地表上的。

没有了地球引力，空气会逃逸到太空中，大气层将不复存在。没有了大气，所有的生物都将灭亡，所有的液体也都会消失。总而言之，地球引力消失的那一刻，就意味着世界末日的到来，无人幸免！

为了维持我们赖以生存的世界现状，地球引力必须始终如一，不能发生任何变化，而这里的关键就是地球的质量恒定。幸运的是，短期之内，地球质量将不会发生大幅度变化，因此地球的引力也将保持稳定。

◎如果引力增加一倍

如果地球引力突然增加一倍，后果会怎么样呢？答案揭晓：所有物体的重量都会增加一倍。这时，房子、桥梁等在地球引力大幅度增加的情况下，很可能会马上崩塌。许多植物在面对这样巨大的变化时也将难以生存。与此同时，地球大气压也会加倍，将对气候环境造成严重的影响！

◎缺少"吸引力"的星

在太阳系的八大行星中，水星离太阳最近，受到的太阳光照也最强烈，水星上白天的温度高达430℃左右，这样的温度足以让水立刻沸腾，并蒸发得一干二净。

水星如此"热烈"的另外一个重要原因是，水星比地球小很多，它的半径大约是地球半径的三分之一，体积只有地球体积的5.62%。

弱弱的水星缺乏引力,根本不能吸引住水。因此,即使水星上原先有很多水,那些水也早已蒸发成水汽,像脱缰的野马一般逃逸到太空中去了。

◎成也引力,败也引力

月亮是距离地球最近的"邻居",它的个头比地球小很多,如果把地球比作一个橘子,月亮就像一颗樱桃。地球用自己的引力吸引住月亮,使它不停地绕着自己转圈,就像拥有一位忠诚的卫士。

而月球本身就没有这样的"魅力"了,因为月球的引力只有地球引力的六分之一,所以连空气都留不住,无法形成大气层,导致月球上面几乎是真空的。

星球碰撞：
一场惊险的游戏

星球与星球，星系与星系之间会发生碰撞，但有时候碰撞带来的不是只有毁灭，还有新生。

◎ 不安分的小行星

有些小行星很不安分，老是发布要撞击地球的"恐怖信息"。近几十年来，人们就遭受过几次这类耸人听闻的惊扰。比如2004年6月，就有一颗名为"2004MN4"的小行星被科学家列为"危险分子"。据推测，这颗小行星在2029年有可能会与地球相撞。虽然到了2004年12月，科学家宣布这个"大危机"的可能性已经被排除，但这样可怕的消息还是让普通人吓出了一身冷汗。

◎ 威胁不少

除了对地球构成巨大威胁的近地小行星之外，还有极少数彗星也有可能运行到地球附近，给地球带来隐忧。

其实，平均每天都有无数来自小行星和彗星的碎片闯进地球大气层。在通常情况下，它们之中最大的也不过像鹅卵石那么大，这些碎片加起来质量不过几吨。它们进入地球大气层之后，与地球大气剧烈摩擦，在几万米高空就已经全部化为气体，成为

流星；其中极少数较大的没有全部气化，残骸落到地面，就成为了陨石。

　　然而，在偶然情况下，闯入地球大气的天体也可能更大，这便会发生爆炸！

◎防患于未然

　　科学家们已经采取了行动，他们把与地球距离小于750万千米的小行星称作"对地球构成潜在威胁的近地小行星"，对它们的运动轨迹进行监测。因为小于这个距离时，小行星就有可能被地球的强大引力俘获，改变运动轨迹，直奔地球而来，所以必须防患于未然。

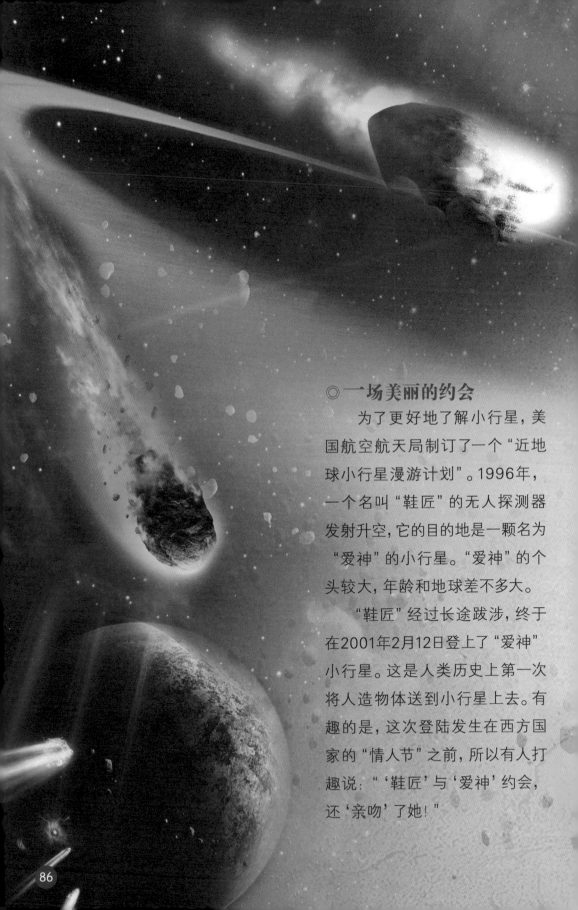

◎ 一场美丽的约会

为了更好地了解小行星，美国航空航天局制订了一个"近地球小行星漫游计划"。1996年，一个名叫"鞋匠"的无人探测器发射升空，它的目的地是一颗名为"爱神"的小行星。"爱神"的个头较大，年龄和地球差不多大。

"鞋匠"经过长途跋涉，终于在2001年2月12日登上了"爱神"小行星。这是人类历史上第一次将人造物体送到小行星上去。有趣的是，这次登陆发生在西方国家的"情人节"之前，所以有人打趣说："'鞋匠'与'爱神'约会，还'亲吻'了她！"

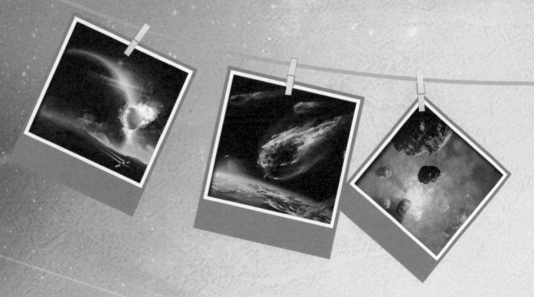

◎ 比原子弹更可怕

据测算，一颗直径为100米的小行星撞击地球，其威力足以摧毁一座大城市。直径1000米的小行星撞击地球，大约会造成一个大洲的毁灭。若是直径达到10千米的小行星撞击地球，地球上的高等生物基本上都会灭绝，地球的生态圈将完全"重启"。目前科学界有观点认为，恐龙在6500万年前灭绝的原因就是有一颗小行星撞击了地球!

◎ 星际大碰撞

计算机模拟显示，仙女星系正朝银河系扑来。这次星系大撞车的后果很严重，可能导致太阳系被抛出银河系!

相比"霸道"的仙女星系，太阳系可是"温柔"许多呢。专家确信，尽管银河系和仙女星系未来会发生碰撞，然而太阳系的轨道几乎没有任何可能与另一恒星的轨道相交。

换言之，即使未来的星空会变得面目全非，地球和她的姐妹们在未来数十亿年里仍将留在太阳系大家庭里，大家各行其道，相安无事。

彗星：
神奇的太空"扫帚"

彗星是进入太阳系内亮度和形状会随日距变化而变化的绕日运动的天体，呈云雾状的独特外貌。

◎不成形的身体

彗星的形状很特别，头部尖尖的，尾部常常是散开的，像一把大扫帚。彗星实在算不上一颗星星，它只是一个"脏雪球"，由冰晶、尘埃、气体、小石块等组成。它没有固定的身形，在远离太阳时，它的体积很小；接近太阳时，体积变得越来越大，大到连太阳系里的行星都比不上它，大彗星的彗头甚至超过太阳的个头。

不过，彗星只是一个"虚胖子"，要是把它的全部物质像压缩饼干那样压成和岩石差不多结实的程度，大多数的彗星就只有一座小山那么大了。

◎ 千姿百态的尾巴

彗星身上的尾巴千姿百态：有的长而细，有的短而粗；有的直直的像把尺子，有的弯弯的像张弓；还有的同时长着好几条尾巴。

但是，彗星的尾巴并不是生来就有的，只有当彗星接近太阳的时候，受到太阳辐射的强大压力和太阳风的吹袭，彗头才会长出一根又长又大的尾巴来，因此彗尾总是背着太阳。当彗星向太阳靠拢的时候，尾巴拖在身后；当离开太阳的时候，尾巴就跑到前面去了。

◎ 不时前来拜访

这些彗星有的像过路的客人，偶尔出现一次后就再也不回来了；有的像媳妇"回娘家"一样，定期回到太阳的身边来转一转，但相隔的时间有长有短，长的会等上几百、几千年；短的只需要几年或几十年。

◎ 最"孝顺"的彗星

恩克彗星是短周期彗星中"回娘家"最勤的一颗，人类最早发现它是在1786年1月17日，直到1818年11月26日人类又发现它后，法国天文学家恩克用了6个星期的时间，才计算出这颗彗星的轨道。

恩克预言其每3.3年就要回归一次，且它每回归一次，周期都要缩短3小时。因此总有一天，恩克彗星会跌入太阳的怀抱或自行碎裂。

◎ 轨道决定命运

周期彗星的轨道是极扁的椭圆轨道，这样的彗星能定期回到太阳身边；而非周期彗星的轨道则是抛物线或双曲线轨道，这样的彗星终生只能接近太阳一次，一旦离去，就永不复返。

不过，彗星的轨道受到行星的影响，也可能产生变化。这时候，彗星的身份也会因此改变，比如从长周期彗星变为短周期彗星，甚至从非周期彗星变成周期彗星。

◎撞出来的生命

当太阳系还很年轻时，彗星可能随处可见。这些彗星常与初形成的行星相撞，无意中"帮助"了年轻行星的成长与演化。

地球上大量的水可能就是彗星与年轻地球相撞后留下的"遗产"，而正是这些水，孕育了地球的生命。

◎我还会再回来的

大名鼎鼎的哈雷彗星是一颗周期彗星，它非常有规律地每隔76年回归一次。第一个大胆预言它还会回来的人是英国牛津大学的教授哈雷，因此这颗彗星便以他的名字命名。

哈雷成功地推算出了这颗彗星的回归时间，而它也不负所望，如期而至。下一次哈雷彗星回归的时间是2062年，今天的小读者将来无疑能看到它！

流星：
美丽的"烟火"

> 流星是运行在星际空间的流星体（通常包括宇宙尘粒和固体块等空间物质）在接近地球时由于受到地球引力而进入地球大气层，并与大气摩擦燃烧所产生的光迹。

◎太空"小鱼虾"

当静谧而深邃的夜空中划过一颗或无数颗流星时，当它们用最璀璨的光芒迅速地划破星空时，所有的守候者肯定会激动不已地朝着它们许下心愿，希望美梦成真！

但实际上，"流星"只是太阳系里的"小不点儿"。就像湖泊里除了鱼虾，还有各种细小的浮游生物一样，太阳系里除了行星、卫星等较大的天体外，还有一些尘埃和碎块，它们的学名叫"流星体"。它们有的形单影只，有的结队同行；有的像黄豆，有的像米粒，当然也有像小石子甚至大石块那样的"大个头"。

◎闯入地球

流星体闯进地球的大气层时，由于速度非常快，会和空气发生剧烈的摩擦，产生几千摄氏度的高温而燃烧起来，并发出强烈的亮光，这就是我们看到的流星。当许多流星从星空中某一点向外辐射时，天上就下起了灿烂的流星雨。

那些微小的流星体，像箭一样在空中一闪就不见了；比较大的流星体，一边坠落，一边燃烧，身后还拖着一条火红的尾巴，发出耀眼的光芒。那场面真是壮观极了！

◎壮观的流星雨

不少流星体密集成群，沿同一轨道环绕太阳公转。当这些流星群与地球相遇时，观测者将看到流星接二连三地从天空中的同一点向四面八方"发射"，就像我们看平行的火车铁轨，在远处汇聚在一起一样。这就是壮观的流星雨现象。

流星雨的重要特征之一是所有流星的反向延长线都相交于辐射点。流星雨的规模大不相同。有的虽然在1小时中只出现几颗流星，但它们都是从同一个辐射点"流出"的，因此也属于流星雨的范畴；有的在短短的时间里，在同一辐射点中能迸发出成千上万颗流星，就像节日中人们燃放的烟花。当每小时出现的流星超过1000颗时，称为"流星暴"。

◎天价"丑石"

有些大流星在空中来不及烧完，落下来就成为了陨石。较大的陨石在飞行过程中由于受到高温、高压气流的冲击，会在半空发生爆裂。如果陨石母体足够大，爆裂开的碎块会像雨点一样散落到地面，形成辉煌的"陨石雨"。

落到地面的陨石可比钻石和黄金还要珍贵，它们是人类直接破译太阳系各星体形成演变之谜的无价之宝！

据加拿大科学家10年的观测，每年降落到地球的陨石约有两万多块，但被人发现并收集到手的陨石只有几十块。这是因为地表70%是海洋，陆地上也多为荒无人烟的山岭、荒漠或冰川，陨石落在这些地方，肯定就与人类"擦肩而过"了。

◎争夺桂冠

陨石有三大家族：石陨石、铁陨石、石铁陨石。世界各地博物馆收藏的陨石中，大部分为石陨石。名列世界单块石陨石之首的就是我国吉林陨石雨中的1号陨石，重1770千克。

　　至今发现的质量最重的三块陨石均为铁陨石，冠军是1920年在非洲的纳米比亚霍巴地区发现的霍巴陨石，长2.75米，宽2.43米，重达59吨。相信在未来这些纪录还会被新的天外来客打破！

　　另外，陨石着地时，撞击地面会形成陨石坑。世界上最大的陨石坑是美国亚利桑那陨石坑，直径达1240米，深约170米。经科学家观察分析，这个陨石坑大约是2万年前由一颗铁陨石撞击地面而形成的。

◎陨石雨之最

　　1976年3月8日15时许，随着一阵震耳欲聋的轰鸣，一场陨石雨在中国吉林省永吉县附近500平方千米的范围内不期而至。当时人们一共收集到了138块陨石标本，3000余块陨石碎块，总重量达2616千克。

　　这场陨石雨非常壮观，是至今为止全世界最大规模的一场石陨石雨！大小不一的陨石落地时像筛子筛过一样整齐有序，成为人类历史上保留下来的最完美、最经典的一张陨石雨分布图。

星座：
星空的美丽传说

星座是指天上一群在天球上投影的位置相近的恒星的组合。现在，国际天文学联合会把整个天空精确划分为88个星座。

◎给星座起名的人

最早给星座起名字的人是美索不达米亚地区的闪族牧童们。公元前3000年左右，在夜晚的时候，牧童们一边守着羊群，一边观察夜空中的星星。他们把较亮的星星相互连接起来，连成各种动物图案，并为这些连接在一起的星星起名，如金牛座、巨蟹座。

生活在公元八、九世纪的阿拉伯学者也曾经给星座起过名字。之后，古希腊人又以神、英雄和动物的名字给星座命名。

◎星座的数目

目前，国际天文学联盟根据星座在天空中的不同位置和恒星出没的情况，把整个星空划分成五大区域，共88个星座，即北天拱极星座（5个）、北天星座（19个）、黄道十二星座（12个）、赤道带星座（10个）、南天星座（42个）。

◎辨认星座

为了便于认星，人们按空中恒星的自然分布，用假想的线条连接同一星座内的亮星，形成各种图形，然后根据它们的形状划成的若干区域，分别以近似的动物、器物，赋予它们相应的名称。

这些星座，犹如地球上大大小小的国家；每个星座中的星星，又恰似一个国家中众多的城市和村镇。这为我们辨认繁星密布的星空，提供了极大的方便。

◎天琴座

织女一，又名织女星，它和附近的几颗星连在一起，形成一架七弦琴的样子，因此又称为天琴座。织女星是天琴座的主星。

织女星是除了太阳之外，第一颗被天文爱好者拍摄的恒星，也是第一颗拥有光谱记录的恒星。织女星的年龄只有太阳年龄的十分之一，但是因为它的质量是太阳质量的2.1倍，因此预期它的寿命也只有太阳寿命的十分之一。织女星表面的温度约为8900℃，呈青白色。它是北半球天空中三颗最亮的恒星之一，距离地球大约有26光年。

小熊星座

大熊星座

◎ 大熊星座

　　大熊星座有一百多颗肉眼可见的星星，其中有6颗二等星，6颗三等星，还有不少四等星。6颗二等星都分布在"北斗"上，所以北斗七星在大熊星座中特别醒目。春季的黄昏后，这只大熊高高地倒挂在北方的夜空中，因此，中国古代人民把大熊座看作报春的星座。

◎ 小熊星座

　　小熊星座紧挨着大熊星座，它由28颗六等以上的星星组成，其中小熊座α星就是著名的北极星。北极星与其他6颗相对显著的星星，排列成类似北斗七星那样的小勺子，只是这只"勺子"较小，勺子的形状和勺柄弯曲的方式与北斗七星有所不同，北极星位于斗柄的端点。

　　小熊星座这7颗星星中，只有2颗明亮的二等星，其他都是较暗的星。因此，这7颗星远不如北斗七星那样耀眼。

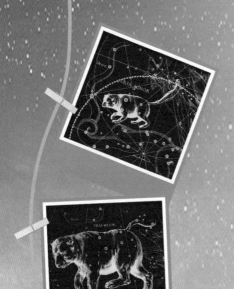

◎ 哀伤的星座故事

　　小熊是大熊卡丽丝托的儿子阿卡斯。卡丽丝托被宙斯的妻子赫拉所害变成一只大熊后，在悲哀和痛苦中度过了15年。

　　卡丽丝托的儿子阿卡斯长大后，成为了一名英俊出色的猎手。一天，阿卡斯在林中打猎，被他的母亲卡丽丝托看见了。她忘记了自己已经是熊身，便伸开双臂准备拥抱自己的儿子。但阿卡斯不知道这只大熊是自己的母亲，便急忙举起手中的长枪，准备向大熊袭击。这时宙斯在天上看见了这一幕，他担心阿卡斯会杀死自己的母亲，便用法术把阿卡斯变成了一只小熊，将它变成小熊星座。

　　赫拉看到卡丽丝托母子都被弄到天上，嫉妒之心油然而生。她去请自己的哥哥海神波塞冬帮忙，使卡丽丝托母子一直都待在天上，无法下海喝水休息。于是，母子俩只得永远在北极上空徘徊，不能下海。

北斗七星：
挂在天上的大勺子

北斗七星由天枢、天璇、天玑、天权、玉衡、开阳、摇光七星组成，属于大熊星座。

◎指明方向

北斗七星从斗身上端开始，到斗柄的末尾，按顺序依次命名为 α、β、γ、δ、ε、ζ、η，我国古代分别把它们称作天枢、天璇、天玑、天权、玉衡、开阳、摇光。

从"天璇"通过"天枢"向外延伸一条直线，大约延长5倍多些，就可以找到北极星。北极星的方向，就是地球的正北方。季节不同，北斗七星在天空中的位置也不尽相同。

◎辨明时节

北斗七星中斗柄的指向总在不停地旋转，这就是所谓的"斗转星移"。如果天黑时斗柄向右（东），午夜时斗柄就向上（南），而在黎明前，斗柄已向左（西）了。

而在一年中不同的日子，斗柄的指向也不相同。因此，我国古代人民就根据它的位置变化来确定季节：斗柄东指，天下皆春；斗柄南指，天下皆夏；斗柄西指，天下皆秋；斗柄北指，天下皆冬。

天璇

天玑

天枢

天权

玉衡

开阳

摇光

◎专管考试的"文曲星"

在中国古代，北斗七星斗身的α、β、γ、δ四颗星被称为"魁"。魁就是传说中的文曲星，是主管考试的神。

在科举时代，参加科举考试是贫寒人家子弟出人头地的唯一办法。每逢大考，有许多考生会仰望北斗，默默祷告，希望能高中状元。

◎ 勺子也许会消失

北斗七星中的7颗恒星距离地球60~200光年，而且各自运行的方向和速度也不尽相同。"摇光"和"天枢"朝一个方向，其他5颗基本朝另一个方向。

根据它们运行的速度和方向，天文学家们已经算出，它们在10万年前组成的图形和10万年后形成的图形，都与今日的图形大不一样。10万年以后，我们可能就看不到这种柄勺形状了。

◎ 英雄的传说

传说，北斗七星是七位英雄的化身。其中那颗最明最亮的星星，是这七颗星星的老大。他原来是天上的一个使者。

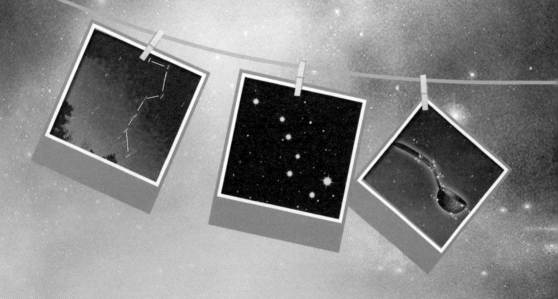

　　使者从天上来到人间游逛，遇见了六个能人。他们各怀本领，有力大无穷的，有跑步快过马的，有能吞下海洋的，有能吞火的……

　　他们听说有个可汗要给儿子过生日，就一同去参加，并在生日会所有的比赛中夺得了冠军。可汗气坏了，就设计将他们烧死。想不到那个吞火的人，一口就把大火吞灭了。可汗看看不中用，就亲自带领精兵强将来捉拿他们。这时候那个能吞下海洋的人轻轻喷了一口水，全城就马上变成一片汪洋，可汗和文武百官都在汪洋中淹死了。

　　当他们来到最高的山顶，一道七色彩虹从天上垂下来，连住了这个山顶。使者对其他六个人说："这是玉皇大帝给我们放下的天梯，我们登着它上天去吧！"于是，他们顺着天梯来到了天上，变成了茫茫星海中最有名的北斗七星。

天狼星:
天上最亮的星

天狼星是大犬座中的一颗一等星。根据巴耶恒星命名法,它的学名为大犬座α星。

◎耀眼的主星

天狼星其实是一对相互绕转的双星,人们要用高倍望远镜才能分辨出来。

天狼星的主星比伴星亮1万倍,所以,肉眼看到的天狼星的光几乎都来自这颗主星。主星是颗比较普通的蓝白星,质量、直径仅是太阳的两倍左右,光度为太阳的20余倍。由于它距离地球很近,仅8.7光年,因而在我们看来,它的亮度名列第一。

◎幽暗的伴星

天狼星伴星的光芒虽远远不及主星,但它在天文学史上有着举足轻重的地位。根据牛顿的力学定律和天狼星主星的运动轨

迹，人们早就预言了它的存在。

　　1862年，人们用较大的望远镜果真在理论预告的位置上发现了这颗看起来十分暗弱的星，这是牛顿力学在恒星世界中首次成功应用的范例。

　　后来，人们还发现，虽然这颗伴星的发光量只有主星的万分之一，但它的表面温度与主星一样，高达1万摄氏度。另外，这颗伴星的个头虽然很小，但质量并不小，几乎和太阳一样。可见，它的密度很大。

　　像天狼星伴星这种低光度、高温度、高密度的恒星，称为白矮星。天狼星的伴星是历史上第一颗被发现的白矮星。

◎ 寻找天狼星

天狼星只有在冬天或早春的星空才容易被人们观测到。寻找天狼星有以下几种方法:

先找到猎户座,然后顺着猎人腰带三星往东南方向巡视,可以看到一颗闪耀着蓝白色光芒的、格外明亮的星。这就是夜空中最亮的天狼星。

猎户座左上的亮星参宿四正东有一颗较亮的南河三,以南河三与参宿四的连线向南作垂直平分线,垂直平分线的交点就与天狼星相交。参宿四、天狼星和南河三组成著名的"冬季大三角"。

每年大年初一晚上22时左右,若天气晴朗,只要往南方天空望去,最亮的一颗星就是天狼星。

天狼星

◎古埃及人心中的天狼星

古代埃及的人们特别崇拜天狼星，因为这颗星与他们的生活、生产的关系十分密切。每当天狼星在黎明时分从东方地平线升起的时候，正是每年尼罗河河水泛滥的季节。这时春回大地，古埃及人便开始了一年一度的播种季节。

播种粮食后，天狼星比太阳东升的时间逐日提早。过了365天，天狼星又与太阳一起东升，尼罗河再次泛滥，又迎来了新的一个播种年。由于天狼星的出没运行与古埃及人的生产活动息息相关，因此它在古埃及人的心目中占有特殊的重要地位。

狮子座：
雄狮升天

狮子座是春季夜空中的大星座，也是12个黄道星座之一，位于室女座与巨蟹座之间。每当日落后，狮子座高挂东方天空时，正是北半球春暖花开的季节。

◎ 狮子的心脏

狮子座很容易辨认，我们把北斗七星中天枢和天璇两星的连线，朝着与北极星相反的方向延伸下去，可以看到一颗亮星，名为轩辕十四，这就是狮子座的主星，位于狮子的前胸，古罗马时代称之为"狮子的心脏"。

◎ 大镰刀与大三角

主星轩辕十四与附近五颗星组成了问号"？"的相反图形，同时也像镰刀的形状，我们称它为狮子座大镰刀，这把镰刀也就是狮子的前半身。

在"大镰刀"的东方，由三颗星所组成的直角三角形，就是狮子的后半身部分。其中狮尾的二等星五帝座一，与牧夫座的大角星及室女座的角宿一连成了一个等边三角形，被称为"春季大三角"。

◎ 雄狮升天的故事

在古希腊神话中，有只凶猛的大狮子，居住在天神宙斯神殿附近尼米亚森林中，它到处冲撞惹事，伤害人畜，但由于狮皮坚硬，没有猎人能制服它。

宙斯之子海格立斯决定为民除害，他带着弓箭及橄榄树干做成的粗棍子，冲进狮子的洞穴。他用弓箭射击大狮子，却无法伤它分毫。他用棍子击打狮头，但棍子打断了也无济于事。海格立斯只好赤手空拳和狮子搏斗，最后拼死扼住狮子的喉部，才使它毙命。

为了纪念海格立斯的功绩，宙斯把这头狮子升到天上列为狮子座。

白羊座

狮子座

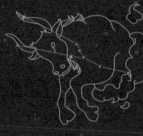

金牛座

射手座

水瓶座

摩羯座

◎ 狮子座流星雨

大名鼎鼎的狮子座流星雨并不是狮子座上的流星雨。狮子座流星雨是由一颗名为"坦普尔·塔特尔"的彗星所抛撒的颗粒滑过大气层所形成的。

"坦普尔·塔特尔"彗星绕着太阳公转时，不断地在行进的轨道上撒下许多小微粒，但这些小微粒分布并不均匀。有的地方稀薄，有的地方密集。这些小微粒很容易受各种因素的影响而慢慢飘散，但在彗星回归时，地球会经过它近期释放出的颗粒稠密区。地球上的人们便会看到大规模的流星雨。

因为形成流星雨的方位在天空中的投影恰好与狮子座在天空中的投影相重合，在地球上看起来就好像流星雨是从狮子座上喷射出来，因此称为"狮子座流星雨"。

由于"坦普尔·塔特尔"彗星的周期为33.18年，所以狮子座流星雨是一个典型的周期性流星雨，它的周期约为33年。

处女座

双子座

巨蟹座

◎星座的归类

　　和火有关的星座称为火象星座，包括白羊座、狮子座和射手座，分别以公羊、狮子和弓箭手作为象征。三者都代表了活力充沛、屹立不摇的形象。

　　和风有关的星座称为风象星座，包括水瓶座、双子座和天秤座，分别以倒水侍者、双胞胎和天秤作为象征。这三者都象征着变通融合、聪明伶俐的形象。

天蝎座

　　和水有关的星座称为水象星座，包括双鱼座、巨蟹座和天蝎座，分别以鱼、螃蟹和蝎子作为象征符号。这三者都有纤细敏感、充满幻想力、神秘莫测的特点。

天秤座

　　和土有关的星座称为土象星座，包括金牛座、处女座和摩羯座，分别以公牛、处女和山羊作为象征。这三者代表着务实、稳重的形象。

双鱼座

人造卫星：
环绕地球的人类助手

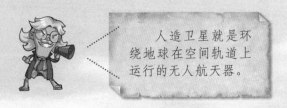

人造卫星就是环绕地球在空间轨道上运行的无人航天器。

◎ 庞大的"卫星家族"

人造卫星是发射数量最多、用途最广、发展最快的航天器。在人造卫星家族中有太空"信使"通信卫星、太空"遥感器"地球资源卫星、太空"气象站"气象卫星、太空"向导"导航卫星、太空"间谍"侦察卫星、太空"测绘员"测地卫星、太空"千里眼"天文卫星等，它们组成了一个庞大的"卫星家族"。

◎椭圆形的轨道

物体以每秒7.9千米的速度，从水平方向抛出去，就能够环绕地球运行了。但是，这样还是没有挣脱地球的引力作用，不能飞离地球。如果我们继续增加物体的速度，那么物体虽然还不能挣脱地球的引力作用，但是运行轨道就不会呈圆形，而是被拉成较扁的椭圆形了。速度越快，轨道就变得更扁、更长。

由于发射人造卫星的速度一般总比人造卫星环绕地球运行的速度要大，因此人造卫星的轨道一般呈椭圆形。当然，最大限度是发射速度不能超过每秒11.2千米，否则人造卫星就会摆脱地球的引力而飞出去，像地球一样围绕太阳运行，成为人造行星了。

◎气象卫星

　　古时候的人们对于多变的气候，只能凭借生活经验加以揣测。而气象卫星的出现，使人们得以掌握数日内的天气变化。

　　气象卫星从遥远的太空中观测地球，不但能观测大区域天气的变化，也能针对小区域的天气变化做出预测，在方便人们生活的同时，也能使人们对于灾难天气的来临及早做好应对准备。

◎侦察卫星

　　人造卫星中有一种卫星叫侦察卫星，又名间谍卫星。它既能监视又能窃听，是个名副其实的超级间谍。它在空间轨道飞行一圈所收集到的情报，比一个最老练、最有见识的间谍花费一年时间所收集的情报还要多上几十倍。

◎世界上第一颗人造地球卫星

　　1957年10月4日，世界上第一颗人造地球卫星高速穿过大气层进入了太空，绕地球运行了1400周。这是人类迈向太空的第一步。

◎ 中国第一颗人造卫星

1970年4月24日，我国自行设计、制造的第一颗人造卫星"东方红一号"，由"长征一号"运载火箭发射成功。这标志着中国成为继苏联、美国、法国和日本后世界上第五个完全依靠自己力量成功发射人造地球卫星的国家。

◎ 既定轨道

目前，地球上空已经有上千颗世界各国发射的人造卫星。它们认真地坚守着自己的岗位，完成自己神圣的使命。

为了避免互相碰撞，这些人造卫星都是严格按照既定的轨道运转的。一旦出现故障，就要被及时收回，否则会发生重大的宇宙事故。

火箭：
脱离地球引力

火箭是靠火箭发动机喷射工质（工作介质）产生的反作用力向前推进的飞行器。火箭是实现航天飞行的运载工具。

◎原始火箭

中国是古代火药、火箭的故乡。军事家最早开始运用火药创制火箭，它是将引火物附在弓箭头上，然后射到敌人身上引起焚烧的一种箭矢。

火箭这个词在公元三世纪的三国时代就已出现。在宋、金、元的战争中，已应用了火枪、飞火炮、震天雷炮等火药武器。

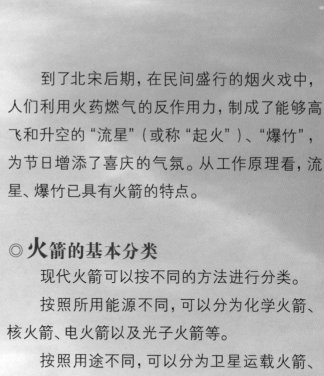

到了北宋后期，在民间盛行的烟火戏中，人们利用火药燃气的反作用力，制成了能够高飞和升空的"流星"（或称"起火"）、"爆竹"，为节日增添了喜庆的气氛。从工作原理看，流星、爆竹已具有火箭的特点。

◎ 火箭的基本分类

现代火箭可以按不同的方法进行分类。

按照所用能源不同，可以分为化学火箭、核火箭、电火箭以及光子火箭等。

按照用途不同，可以分为卫星运载火箭、布雷火箭、气象火箭、防雹火箭以及各类军用火箭等。

按照有无控制，可以分为有控火箭和无控火箭。

按照级数，可以分为单级火箭和多级火箭。

按照射程远近，可以分为近程火箭、中程火箭和远程火箭等。

火箭的分类方法虽然很多，但其组成部分及工作原理是基本相同的。

◎火箭吉尼斯

苏联"东方号"系列运载火箭中的"卫星号",是人类第一枚真正意义上的运载火箭,它把人类第一颗人造卫星送上了太空。

"东方号"系列运载火箭开创了人类航天的新纪元,为苏联创造了航天史上的多项世界第一。它发射了世界上第一颗人造地球卫星、第一颗月球探测器、第一颗金星探测器、第一颗火星探测器、第一艘载人飞船和第一艘无人货运飞船。

◎中国第一枚火箭

1958年9月8日,北京工业学院(现北京理工大学)师生在河北宣化成功发射两枚火箭。这次火箭发射成功,不仅宣告中国"第一箭"的诞生,也拉开了中国走向空间时代的序幕。

1964年7月19日,中国第一枚内载小白鼠的生物火箭在安徽广德发射成功。

　　中国现代的火箭以长征系列命名，发射基地有酒泉卫星发射基地、西昌卫星发射中心、太原卫星发射中心和文昌卫星发射中心。

◎火箭与导弹

　　由于最早出现的一些导弹是用火箭来推进的，有人就把它称之为火箭，因此火箭与导弹这两个事物有时常常被混为一谈。其实这两者在概念上是有差别的：导弹是指依靠自身的动力装置推进，由控制系统控制其飞行并导向目标的一种武器；而火箭则是一种依靠火箭发动机产生的反作用力推进的飞行器。

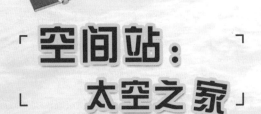

空间站：
太空之家

空间站又称太空站、航天站、轨道站，是一种在近地轨道长时间运行，可供多名航天员巡访、长期工作和生活的载人航天器。

◎设想中的空间站

空间站概念的提出可以追溯到1869年，当时《大西洋月刊》有一则关于"用砖搭建的月球"的文章。

此后，现代宇宙航行学的奠基人，被称为航天之父的苏联科学家康斯坦丁·齐奥尔科夫斯基也对空间站进行过设想。他有一句名言："地球是人类的摇篮，但人类不可能永远被束缚在摇篮里。"

与齐奥尔科夫斯基齐名的德国火箭专家赫尔曼·奥伯特也对空间站有过研究。这位被称作"欧洲火箭之父"的航天先驱，其有关火箭推进的经典著作，被整整一代工程师视为航天领域的"圣经"。

1951年，赫尔曼的学生德国科学家沃纳·冯·布劳恩发表了他带有环状结构的空间站设计。布劳恩是第二次世界大战期间V2火箭的主要创造者，二战结束后参与美国首颗卫星"探险家一号"的研发，以及后来的阿波罗登月计划。

◎ 人类历史上首个空间站

"阿波罗11号"飞船在1969年抢先登陆月球后,苏联在与美国登月的太空竞赛中落败,因此转向了用空间站来展示他们的航天实力。

"礼炮1号"于1971年成功发射升空,它是人类历史上首个空间站。这个系列的空间站在1971年到1985年间服役,期间一共发射了1至7号,分为民用的DOS型和军用的Almaz型。礼炮2号、3号和5号空间站便属于军事用途的Almaz型。

◎ 最大的空间站

国际空间站是目前人类拥有过的规模最大的空间站,由美国国家航空航天局、俄罗斯联邦航天局、日本宇宙航空研究开发机构、加拿大太空局和欧洲空间局共同参与合作。

从1998年11月开始,国际空间站的各种功能模块被陆续送入轨道装配,到2011年12月,空间站的最后一个组件发射上天,完成组装工作。但随着科技的不断发展,对国际空间站的改造和维护将是一个长期的过程。

◎充气式太空舱

2016年4月11日，美国联合发射联盟（ULA）与毕格罗宇航公司召开发布会并签署协议，宣布将联手打造大型充气式太空站，首个舱段将在2020年升空。

相比普通太空舱，充气式太空舱价格低，重量轻，未膨胀展开前体积很小，便于运输，发射费用低廉。这项技术一旦成功，甚至可以被用在远离地球的深空空间站、月球和火星基地上。

宇航员：
探索太空的勇士

宇航员，又称航天员，全称宇宙航天员，指以太空飞行为职业或进行过太空飞行的人。

◎ 神奇的宇航服

太空中几乎没有可以供我们呼吸的氧气，也没有能使我们身体里的血液维持液态的气压。此外，太空中还有无法阻挡的宇宙射线及各种辐射。这样一来，宇航员直接暴露在太空中的话是很危险的。

为了保护宇航员，科学家制造了神奇的宇航服。宇航服内不仅温度、压力适宜，还具有氧气制造设备，并且还能处理宇航员呼吸时所释放出的二氧化碳。

◎越来越丰富的太空食物

太空里没有蔬菜，也没有水果，更没有各种肉类，即使把这些食物带到太空中，也没法烹饪。那宇航员到了太空后吃什么呢？科学家发明了一种专供宇航员在太空吃的食物，叫作太空食品。这是一种已经加工好的食物，通常会制成块状或糊状，比如把牛肉酱、苹果酱、菜泥等压制到铅制的小管内。吃这些食物的时候，就像挤牙膏一样，将食物挤到嘴里。

目前，宇航员的食物越来越丰富，已经从最初的十几种发展到了1000多种。早期的牙膏状的食物比较乏味，现在宇航员在太空中能吃到土豆烧牛肉、奶油面包、饼干、巧克力、果汁等。

◎世界第一勇士

第一颗人造地球卫星打开了登天的大门之后，人类迅速地向太空挺进。1961年4月12日，苏联宇航员尤里·加加林乘坐宇宙飞船"东方一号"进入太空。"东方一号"宇宙飞船环绕地球一周后平安归来。尤里·加加林成为第一个冲向太空的勇士。

◎中国第一勇士

2003年10月15日北京时间9时，杨利伟乘坐由"长征二号"F火箭运载的"神舟五号"宇宙飞船首次进入太空，执行中国首次载人航天任务，是中国第一位进入太空的勇士。虽然在飞船冲出大气层的过程中，他感觉到身体的极度不适，但他用平时训练的方法，凭着顽强的意志，很快就调整过来，恢复了正常。

当"神舟五号"宇宙飞船绕着地球以90分钟一圈高速飞行时，杨利伟拿起摄像机，把周围壮观的景色拍摄下来。他不由得从心里升腾起从未有过的强烈自豪感，为中国人飞上太空感到骄傲。他郑重地在飞行手册上写下："为了人类的和平与进步，中国人来到太空了！"

当飞船飞行到第七圈时，他又在太空展示了中国国旗和联合国旗帜，表达了中国人民和平利用太空，造福全人类的美好愿望。

◎世界第一艘宇宙飞船

宇宙飞船是一种运送宇航员、货物到达太空并安全返回的航天器。

　　世界上第一艘载人飞船是苏联宇航局于1961年4月12日发射的"东方一号"宇宙飞船。它主要由密封载人舱及设备舱组成。

　　密封载人舱又称航天员座舱，是一个直径为2.3米的球体，里面设有能保障航天员生活的供水、供气的生命保障系统，以及控制飞船姿态的姿态控制系统、测量飞船飞行轨道的信标系统、着陆用的降落伞回收系统和应急救生用的弹射坐椅系统等。

　　设备舱长约3.1米，直径达2.58米。设备舱内具有使载人舱脱离飞行轨道而返回地面的制动火箭系统、供应电能的电池、储气的气瓶、喷嘴等设备。

动物"航天员"：
太空先遣队

为了减少风险，避免不必要的牺牲，许多动物代替人类进入太空做试验，它们是值得人类铭记的特殊"航天员"。

◎ 太空探索先驱

那些被送入太空代替人类打头阵的动物们，称得上太空探索的先驱。

1957年11月3日，小狗莱卡搭乘苏联"斯普特尼克2号"卫星进入轨道，成为第一只冲出地球大气层的狗。遗憾的是，莱卡只在太空生存了几个小时。

为了纪念这只勇敢的小狗，苏联在当年就为莱卡发行了纪念邮票。莱卡后来还成了苏联一种香烟的商标。在莫斯科郊外的航天和太空医学研究所，还有一个莱卡纪念馆。

◎ 活着返航

二十世纪五六十年代，至少有57犬次的太空犬被苏联安排执行太空任务。1960年8月19日进入太空的小狗贝尔卡和斯特里尔卡是首批成功环绕地球并活着返回的地球动物，它们总共在太空中待了25个小时，其间飞船绕地球飞行了17圈。

而经历太空旅行后首次幸存下来的两只猴子，是猕猴艾伯尔和松鼠猴贝克。1959年5月28日，它们搭乘美国"朱庇特"导弹升到距离地面482.80千米的高空。它们待在火箭的最前端，承受了正常重力38倍的拉力长达9分钟，最终安全返回地球。

◎ 飞往月球的龟

世界上运动速度最快的龟大概要算1968年9月由苏联人发射到外太空的一对乌龟了。与它们同行的还有粉虫、植物、种子、细菌及其他生命形式。它们飞向月球，绕其飞行，之后又安全返回地面，是第一批前往月球的地球生物。

◎ 太空动物

2008年9月，欧洲科学家发现了一种可以在太空真空环境中生存的动物——缓步类，它们也被称作水熊。不仅仅是太空，它们中的一部分还可以同时在太空真空和太阳辐射的条件下生存，这是人

类迄今为止发现的唯一一种可以在双重严酷条件下存活的动物。

为了测试缓步类动物的太空生存能力，科学家们把它们放在欧洲航天局2007年9月发射的foton Ⅲ无人太空实验舱里，在距离地球表面258千米的高空绕地运行，完全暴露在太空环境中有10天之久。果然，它们在太空环境中都生活得很好，和在地面上几乎没有多大区别。

但在经受太空真空和太阳辐射的双重考验后，当这些标本最终被放回水中的时候，只有10%存活了下来，并且所有的幼虫都没有孵化出来。尽管如此，这也是人类迄今为止发现的第一种在双重考验下，仍然有样本存活的动物！

◎超级坚强

2003年2月1日，美国"哥伦比亚号"航天飞机发生事故，机上7名宇航员全数罹难。然而，这架航天飞机所携带的蚕、大木林蛛、木蜂、蚂蚁和线虫动物却被发现还活着，这些动物生存能力之强令营救人员大为惊讶。

UFO：
神秘的天外来客

UFO全称为"不明飞行物"，也称为飞碟，是指不明来历、不明空间、不明结构、不明性质，但又飘浮、飞行在空中的物体。

◎从风远行的"飞车"

在中国古代，UFO又叫作星槎。晋代学者郭璞讲过一个故事，故事发生在"汤时"这个地方。约在公元前16世纪，三眼独臂的"奇肱国"人驾驶"飞车"，无意中落到中原地带，十年后又飞走了。按汤时人的说法，"奇肱国"的飞车"从风远行"。我国宋代的《梦溪笔谈》也记载了新疆地区屡屡出现的UFO目击事件。

◎ 先知的目击记录

欧洲古代的《以西结书》中记载过UFO。"以西结"在《圣经》里面以先知的面目出现，他名字的意思即为"神赐力量"。这位具有神赐力量的先知，据说也目击了UFO。他看到了一朵包括闪烁火的大云，周围有光辉，从里面显出四个活物，他们有着人的形象，但各有四个脸面、四个翅膀，他们的腿是直的，脚掌好像牛犊之蹄，在四面的翅膀以下有人的手。

◎ 奇形怪状的UFO

UFO一词源于二战时期目击到的碟形飞行物，因为有个美国人在雪山附近看到了不明飞行物，据他的描述，这个不明飞行物像掠过水面的碟子，所以被叫作"飞碟"。据统计，20世纪以前较完整的UFO目击报告有350件以上。据目击者回忆，不明飞行物外形多呈圆盘状（碟状）、球状和雪茄状，也有呈棍棒状、纺锤状或射线状的。

◎五花八门的答案

　　有人认为有的UFO是外星球的高度文明生命（外星人）制造的飞行器；也有人认为UFO是某种未知的天文或大气现象，如地震光、大气碟状湍流、地球放电效应。一些科学家认为，UFO现象是由环境污染诱发的，还可能是对已知现象或物体的误认，如流星、球状闪电、流云、人眼中的残影、反常的折射散射、军事试验飞行器等，或者UFO就纯属心理现象。

◎是"精灵闪光"惹的事

　　以色列特拉维夫大学的地球物理学家科林·普莱斯说，雷雨天产生的闪电刺激了上空的电场，促使它产生被称作"精灵闪光"的光亮。一般的闪电经常发生在距地面11.3~16.1千米的高空，而这种闪电则发生在距离地面56.3~128.7千米的高空，而且需要更高电荷，因此当它们出现时会伴随着强大的闪光，这类闪光经

常会迅速前行或者旋转飞奔，甚至还会以快速滚动的电球形式出现，所以这种现象被误认为是UFO事件也就不足为奇了。

◎ 如何判定UFO

一、在空中可以盘旋飞行，或瞬间移动、或高速运作过程中突然停止。违背物理定律。

二、绝大多数UFO均无发动机声音，几乎无声。

三、无尾气排放。

四、多人目击。

五、超强的磁场。

外星人：
他们真的存在吗

外星人是对地球以外智慧生命的统称。古今中外一直有关于"外星人"的假想及奇异记载，但至今人类还无法确定是否有外星生命的存在。

◎生物存活的条件

适合生物存活的环境必须是能使生物的形状和活动保持稳定，还能使生物摄取热能，排出代谢废物，并从外部补充新的物质。所以，那种冰冻或火热的极端恶劣的环境是不适合生物生存的。

生物存活还需要能溶解营养、释放能量的水和氧气等。假如能在月球或火星上建造一处可调节环境、储存氧气和食物的房子，生物可以暂且忍耐一段时间，但是必须穿着厚厚的宇宙服，既笨重又难受，否则将无法生存下去。

◎其他星球上会有生命吗

生命诞生的基础是有机物，而有机物的生成需要氧、氮、氢、碳等元素。宇宙中拥有这些元素的行星，肯定不在少数。只要有合适的条件，这些元素就能结合为有机物，这些有机物不断演化，才有可能诞生生命。

◎19世纪的尝试

早在19世纪，著名数学家高斯便构想出一种绝妙的沟通方法。他建议在地球上利用森林拼出巨大的图案，让外星人知道我们的存在；晚上则用火油在撒哈拉沙漠中燃烧大型图案，以便让外星人在夜间也能看到。

◎ 人类名片

人类已经开始向外星人发射"人类名片"。在20世纪70年代，这些用金属制成的特殊名片搭载"先驱者号"和"旅行者号"两个探测器，飞向了遥远的太阳系外。在名片上，画着人类居住的太阳系和地球所在的位置，还有男人和女人的形象。这些小小的漂流瓶飘向了茫茫太空，期望在将来的某一天会被外星人拾到。

除了携带金属名片，两架"旅行者号"探测器还载有一整套铜制的"地球之音"声像片，记录了地球上各种有典型意义的信息，包括116幅图片、35种地球自然之声、27首世界名曲和近60种语言的问候语。但遗憾的是，至今没有任何消息回馈，这些"礼物"似乎还未被外星智慧拾获！

◎ 给外星人的第一封电报

1974年11月16日，在美国康奈尔大学设于波多黎各火山口上的阿雷西博天文台，人们为当时世界上最大的射电望远镜举行了镜面换面典礼。在典礼上，科学家们用波长12厘米的调频电磁波，向银河系内的武仙座球状星团发送了人类给外星人的第一封电报，以数学语言向宇宙中的朋友介绍了人类以及人类生存的环境。

◎ 宇宙邀请卡

1999年，一个国际科学家小组向四颗距地球50~70光年的类太

阳恒星发射了一系列射电信号。这些被命名为"宇宙邀请卡"的信号经过这些恒星后，会继续向外传播，直至能被几千光年外的可能存在的地外文明接收到。

◎ 飞向宇宙的"音乐盒"

2008年2月4日，披头士乐队的经典歌曲《穿越苍穹》被美国航空航天局发往431光年外的北极星。科学家们希望那里的外星人——假如真的存在的话——能够听到，并予以回应。

太空垃圾：
宇宙"交通事故"肇事者

太空垃圾是指在绕地球轨道上运行，但不具备任何用途的各种人造物体。

◎太空垃圾的来源

太空垃圾有的来源于爆炸的航天器，比如2001年3月坠毁的俄罗斯"和平号"空间站，它虽然为人类太空探索做出过重大贡献，但也在运行过程中产生了200多包垃圾……

这些垃圾有的来源于宇航员的过失行为，比如减压舱门打开时，飞船里的一些用品就会被太空"吸"出去；有的来源于宇航员的生活废弃物——当时宇航员的环保意识不像现在这么强，总是有人将垃圾直接丢弃到茫茫太空中；有的是失效卫星和火箭的残骸……

这些太空垃圾，要让它们重返大气层恐怕要几十年到几百年。

◎ 危害巨大

太空垃圾的存在会对宇航员、航天器和人造卫星造成伤害，即便是一块极小的飞行垃圾，都足以造成巨大损伤。我们知道，一块1立方厘米大小的绕地飞行碎物就可以击穿航天器的外壳，因为它们的飞行速度极快，发生碰撞时可以释放出极大的能量。

据统计，目前直径超过1厘米的太空垃圾碎片多达20万个，总共约有3000吨太空垃圾在绕地球飞奔，而其数量正以每年2%~5%的速度增加。照这样下去，到2300年，任何东西都无法进入太空轨道了。

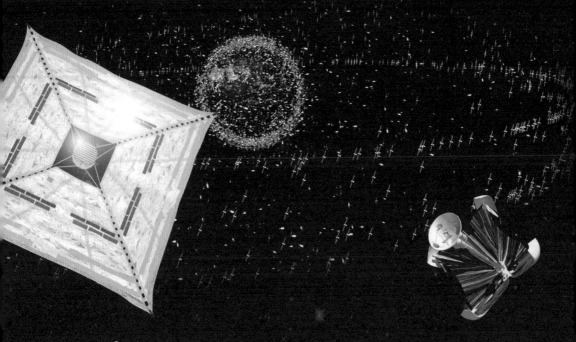

◎宇宙交通肇事案

2005年1月17日，南极上空885千米处发生了一起看似偶然的宇宙"交通事故"——一块31年前发射的美国雷神火箭推进器遗弃物，与我国6年前发射的"长征4号"火箭碎片相撞，这是一起典型的太空垃圾宇宙"交通肇事案"。

2009年2月，美国的一颗商用通信卫星与一颗报废的俄罗斯军用通信卫星也在太空中相撞，这是人类航天史上首次发生在轨卫星相撞事件。

◎捕获垃圾的"天网"

2010年8月，美国恒星公司宣布将用7年的时间，建造12架航天电动残骸清除器。每架航天残骸清除器携带200张大网，将可能捕获飘浮在近地轨道的所有超过2千克的2465个可识别目标。

一种设想是，残骸清除器捕获目标后，把它们扔进南太平洋，或者送到离地球更近的地方，以便它们能进入大气层烧毁或最终落下来；另一种设想是回收这些材料，收集的铝和其他材料将能被用于建造主站或存储设备。

◎ "泡沫球"创意方案

为了清除太空垃圾,有人曾提出一个疯狂的创意方案:发射一个直径为1.6千米的巨大的非伸展性泡沫球。当小太空残骸途经这个巨大的泡沫球时,就会失去能量,很快坠落至地球表面。

但是,这种方案也有不足之处:泡沫球自身会快速地脱离轨道,因为就其大小而言,它的重量偏轻,所以很有可能会撞到正在运行的宇宙飞行器!

◎ 飞来横祸

2009年,一块滚烫发红的金属块从天而降,砸穿房顶后落在英国东北部赫尔市的一对老年夫妇的家中。

英国皇家空军经过鉴定后宣布,这是来自太空中的太空垃圾,而且这块垃圾很可能已经在太空中"游荡"了至少10年。

太空旅行：
最有前景的行业

太空旅行是基于人们遨游太空的理想，到太空去旅游，给人提供一种前所未有的体验。

◎太空旅行的方式

抛物线飞行 这种飞行并非真正意义上的太空旅游，它只能让游客体验约半分钟的太空失重感觉。游客如果乘坐俄罗斯宇航员训练用的"伊尔–76"等飞机作抛物线飞行，费用约为每人次5000美元。

接近太空的高空飞行 这也不是货真价实的太空旅游，但它能让游客体验身处极高空才有的感觉。当飞到距地面18千米的高空时，游客便可看到脚下地球的地形曲线和头顶黑暗的天空，体会到一种无边无际的空旷感。

目前计划用来实现这种旅游的飞机有俄罗斯的"米格–25"和

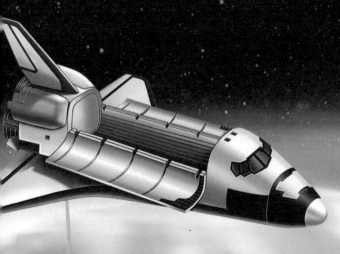

"米格－31"高性能战斗机，票价约为每人次1万美元。

亚轨道飞行 美国私营载人飞船"宇宙飞船1号"和俄罗斯计划研制的"C－XXI旅游飞船"就是从事这种飞行的典型飞船。

轨道飞行 人们只有在火箭发动机熄火和进入大气层期间能体验几分钟失重的感觉。这种飞行的价格约为每人次10万美元。

这才是真正意义上的太空旅游。实现轨道飞行的工具目前主要是国际空间站，可供游客到达空间站的"客车"主要是俄罗斯的"联盟"飞船和美国的航天飞机。

当然，实现轨道飞行要支付高达几千万美元的价格也让人望而生畏。

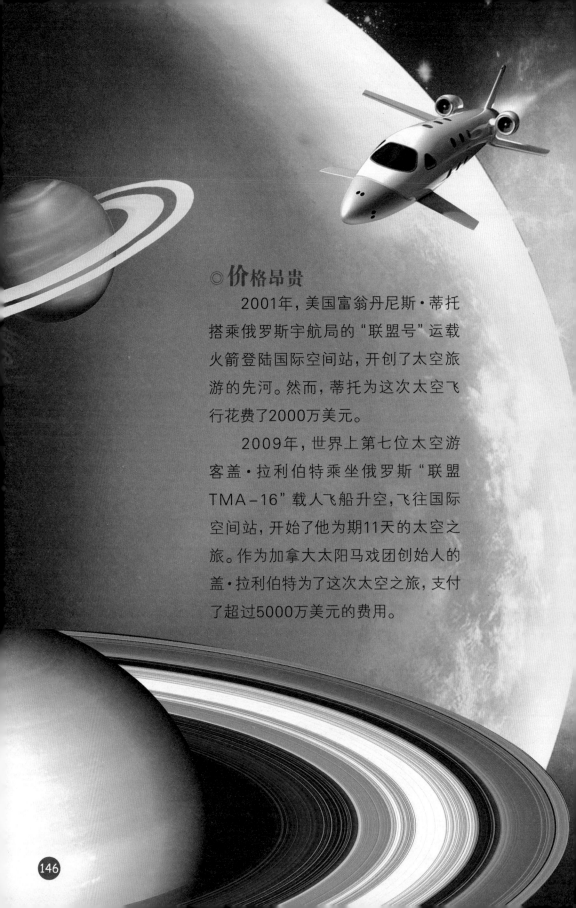

◎价格昂贵

2001年，美国富翁丹尼斯·蒂托搭乘俄罗斯宇航局的"联盟号"运载火箭登陆国际空间站，开创了太空旅游的先河。然而，蒂托为这次太空飞行花费了2000万美元。

2009年，世界上第七位太空游客盖·拉利伯特乘坐俄罗斯"联盟TMA-16"载人飞船升空，飞往国际空间站，开始了他为期11天的太空之旅。作为加拿大太阳马戏团创始人的盖·拉利伯特为了这次太空之旅，支付了超过5000万美元的费用。

◎ "白菜价" 太空游

尽管实现太空旅行仍然面临着价格昂贵、技术不够成熟等诸多问题，但是人们依然相信，随着空间技术的发展，在不远的将来，太空旅行"平民化"将成为现实。

例如，美国科学家就提出了一项低成本"星际列车"的构想，他们将利用1600千米长的真空管道和超导电缆将磁悬浮列车送入低地球轨道。使用太空列车向轨道运送货物和人员的成本远低于使用火箭的成本，区区5000美元便可让太空迷一圆梦想。

预计最早到2032年，每年将有400万游客可以进行太空旅游。中国四川也是地球上五处理想的发射点之一。

不仅如此，随着科学的不断发展，科学家甚至有了发射人造天体进入太空的计划，以此来实现太空移民。也许在将来，人们不仅可以去太空旅行，还可以在巨大的人造天体中居住和生活呢。

天宫号：中国航天新里程

航天梦是我们一直追求的梦想。摆脱地心引力，遨游天际间是人类永恒的情怀，而天宫号开启了中国航天新的里程。

◎命名源自神话故事

嫦娥奔月、大闹天宫、牛郎织女等一系列神话故事，为我们编织了美丽的宇宙画卷。"天宫"是中华民族对未知太空的通俗叫法。"神舟"、"嫦娥"、"天宫"这些中国航天飞船、卫星、空间站的命名都取自中国的神话故事。

◎中国航天日

1970年4月24日，我国第一颗人造地球卫星"东方红一号"发射成功，奏响了中华民族探索宇宙的华美乐章。从此，中国航天事业发生了惊天动地的变化，取得了异乎寻常的巨大进步。而2016年4月24日，被定为首个"中国航天日"。

◎ "天宫一号"

　　"天宫一号"是中国第一个目标飞行器，它的发射标志着中国也因此成为继苏联（俄罗斯）和美国后第三个能够独立发射空间站的国家。但"天宫一号"还不能称作真正的空间实验室，它只是一个小型试验性空间站，因为它在对接实验中只是一个被动目标，只能通过火箭来找寻它的接口处，并实现对接。所谓"对接"就是把两个或两个以上航行中的航天器（航天飞机、宇宙飞船等）靠拢后接合成为一体。

　　"天宫一号"于2011年9月29日21时16分03秒在酒泉卫星发射中心发射，飞行器全长10.4米，最大直径3.35米，由实验舱和资源舱构成。它在2011~2013年期间分别与发射的"神舟八号""神舟九号""神舟十号"飞船成功对接，中国也成为了世界上第三个自主掌握空间交会对接技术的国家。

　　2016年3月16日，"天宫一号"目标飞行器正式终止数据服务，全面完成了其历史使命。

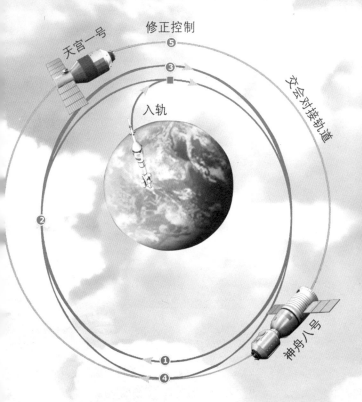

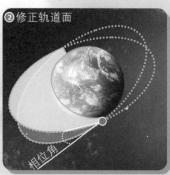

② 修正轨道面

相位角

◎ "天宫二号"

"天宫二号"是继"天宫一号"后中国自主研发的第二个空间实验室，也是中国第一个真正意义上的空间实验室，可用于进一步验证空间交会对接技术及进行一系列空间试验。

"天宫二号"空间实验室已于2016年9月15日22时04分09秒在酒泉卫星发射中心发射成功，这是中国为实现"航天梦"迈出的坚实的一步。

②追踪

③交会

天宫一号

①发射

神舟八号

实验舱

资源舱

神舟八号

天宫一号

④对接

◎ 飞船停泊的港湾

茫茫宇宙就像是浩瀚的大海，而宇宙飞船就像是航行在"大海"里的船只。船只不能没有港湾，否则只能永无休止地流浪。"天宫号"就好像是"神舟"飞船停泊在宇宙中的港湾，是科学家做太空实验的场所，也是宇航员整顿调整的驿站。

由于空间站体积大、运行时间长，不适宜在天地间往返，所以就需要宇宙飞船通过交会对接技术把人和货物从地球运输上去，而太空站里取得的实验数据和成果以及需要轮换的驻守人员也会乘坐飞船返回地球。

地球：
我们永远的家

地球是太阳系八大行星之一，距离太阳1.5亿千米，按离太阳由近及远的次序排行"老三"，也是太阳系中直径、质量和密度最大的类地行星。

◎红色火球

46亿年以前，地球起源于原始太阳星云。根据科学家推断，诞生之初的地球与现在大不相同，那时候它是一个由炽热液体物质（主要为岩浆）组成的炽热的球。

◎白色气球

地球诞生之后又经历太古宙、元古宙时期。这个时候，地球不间断地向外释放能量，由高温岩浆不断喷发释放水蒸气。地球被白色的水蒸气笼罩着，就好像是一个白色的气球。此后，二氧化碳等气体构成了非常稀薄的原始大气。随着原始大气中的水蒸气的不断增多，越来越多的水蒸气凝结成小水滴，再汇聚成雨水落入地表。就这样，原始的海洋形成了。

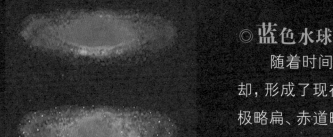

◎ 蓝色水球

随着时间的推移,地球逐渐冷却,形成了现在的模样。地球是两极略扁、赤道略鼓的不规则的椭圆球体,它的表面积5.1亿平方千米,其中71%为海洋,29%为陆地,在太空上看地球呈蓝色。

◎ 撞出来的天然卫星

大约45.3亿年前,一颗火星大小、质量约为地球10%的天体(通常称为忒伊亚)与地球发生致命性的碰撞。这个天体的部分质量与地球结合,还有一部分飞溅入太空中,并且有足够的物质进入轨道形成了月球。二者组成一个天体系统——地月系统。

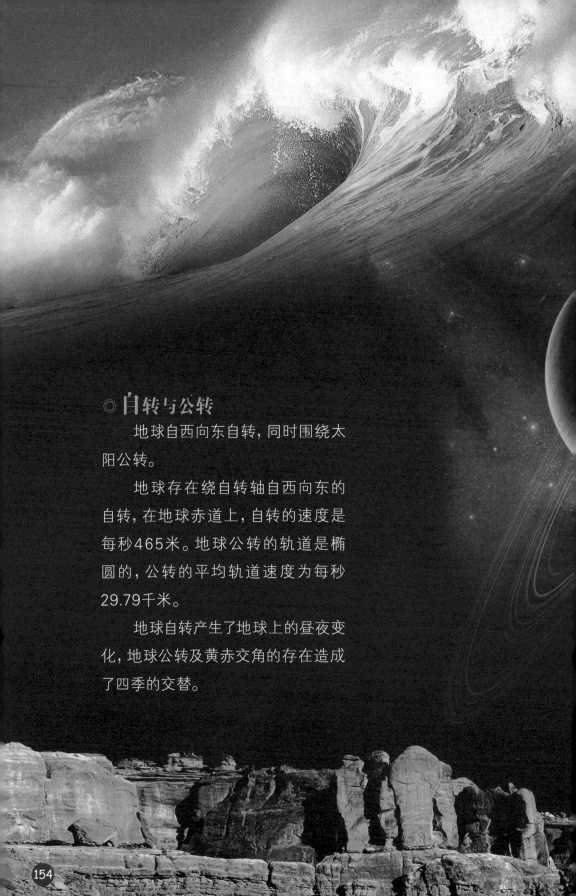

◎ 自转与公转

地球自西向东自转,同时围绕太阳公转。

地球存在绕自转轴自西向东的自转,在地球赤道上,自转的速度是每秒465米。地球公转的轨道是椭圆的,公转的平均轨道速度为每秒29.79千米。

地球自转产生了地球上的昼夜变化,地球公转及黄赤交角的存在造成了四季的交替。

◎寻找"第二家园"

我们把地球称为"母亲",是因为她孕育了无数的生命,可是由于资源的枯竭和环境的恶化,人类从来没有停止过寻找"第二家园"的行动。开普勒452b,位于距离地球1400光年的天鹅座,是2015年为止发现的首个围绕着与太阳同类型恒星旋转且与地球大小相近的"宜居"行星,被称为地球2.0、"地球的表哥"。不过,科学家们比一般人冷静得多,指出不要忙着"认亲戚"。

地球目前仍然是唯一适合人类生存的场所。我们只有一个地球,她是我们永远的家。

这些都是真的吗

在天气晴朗的赤道地区，人用肉眼可以同时观测到近7000颗星星。

虽然人的肉眼可以看到近7000颗星星，但我们根本不可能同时看到，因为无论在什么时候，大约有一半的星星都躲在地平线以下。就算把观测地点转移到全世界看到星星最多的地区——赤道，也只能同时看到3000颗左右。

这是假的。

这是真的。

黑洞的密度很大，地球要是被压缩成黑洞，只有一颗玻璃弹珠那么大。

与太阳质量相同的一个黑洞，其平均密度高达每立方厘米200亿吨，强大的引力会把一切物质和辐射吞噬掉，包括光线。要是地球被压缩成黑洞，那它就只有玻璃弹珠那么大。目前发现的最小的黑洞的质量是太阳的3.8倍，直径只有24千米。

启明星是我们能看见的天空中最亮的那颗恒星。

启明星又称金星，是一颗行星。天狼星是一颗恒星，它的主星虽然是颗比较普通的蓝白星，质量、直径仅是太阳的2倍左右，光度为太阳的20余倍。由于它距离地球很近，仅8.7光年，因而在我们看来，它的亮度名列第一。

这是假的。

离太阳最近的行星是火星。

水星是最接近太阳的行星，与太阳的距离约为5800万千米。因此在水星上，向阳的地方，温度可以达到惊人的430℃；而背阳的黑暗陨坑内，温度却又低至-170℃以下。

苏联宇航员尤里·加加林是世界飞天第一人，而杨利伟则是中国飞天第一人。

1961年4月12日，苏联宇航员尤里·加加林乘坐宇宙飞船"东方一号"进入太空。"东方一号"宇宙飞船环绕地球一周后平安归来，尤里·加加林成为第一个冲向太空的勇士。而在2003年10月15日北京时间9时，中国宇航员杨利伟乘坐由"长征二号"F火箭运载的"神舟五号"宇宙飞船首次进入太空，是中国第一位进入太空的勇士。

哈雷彗星是一颗周期彗星，它每隔76年就会回归一次。

第一个大胆预言它还会回来的人是英国牛津大学的教授哈雷，因此这颗彗星便以他的名字命名。哈雷成功地推算出了这颗彗星的回归时间，而它也不负所望，如期而至。下一次哈雷彗星回归的时间是2062年，今天的小读者将来无疑能看到它！

更多的秘密

太阳系八大行星中,谁的体积排名第一?

　　木星是太阳系中最大的行星。木星的质量很大,大约是地球的300多倍;它的体积也很大,大到可以容纳160多个地球。在太阳系的八大行星中,木星的自转速度是最快的,自转一周只需要9时50分。也就是说,木星上的一天还不到地球上的10小时。

壮观的日食是怎样发生的?

　　当月球正巧运动到太阳和地球中间,当三者正好处在一条直线时,月球就会毫不留情地挡住太阳射向地球的光,月球身后的黑影又恰好落到地球上,于是,让人不可思议的日食就发生了。

月亮为什么会有圆缺?

　　由于月亮本身不会发光,我们所看到的月亮是受到太阳照射后所反射的结果。月亮绕着地球运行时,大约需要28天的时间,在此期间,我们在地球上所看到的月球,被太阳光照亮的部分会有所不同,所以,我们才会看到形状不断变化的月亮。

太空舱里的厕所坏了该怎么办?

如果太空舱里的厕所坏了,宇航员就会遇上大麻烦。因为这时,宇航员不得不用胶布把塑料袋粘在屁股上方便了。这种厕所塑料袋是阿波罗太空飞船的宇航员最先使用的,所以被称为"阿波罗袋子"。

中国发送的第一颗人造卫星叫什么名字?

1970年4月24日,中国自行设计、制造的第一颗人造地球卫星"东方红一号",由"长征一号"运载火箭一次发射成功。卫星运行轨道距地球最近点439千米,最远点2384千米,绕地球一周需114分钟。卫星重173千克,播送《东方红》乐曲。

高个子和矮个子,谁更适合成为宇航员?

宇航员的身高通常在170厘米左右,体重大概在65千克上下。这是因为宇宙飞船的空间非常有限,能负载的重量也是有限的。如果个子太高或者体重过重,操作设备仪器和活动时会很不方便。而且,身材粗矮一些的人,其脊柱对抗飞船升空及着陆时冲击力的能力会更强一些。

图书在版编目(CIP)数据

遨游苍茫的宇宙/米家文化编著. —杭州：浙江科学
技术出版社，2017.4
　(奇趣科学探索之旅)
　ISBN　978-7-5341-7499-5

　Ⅰ.①遨…　Ⅱ.①米…　Ⅲ.①宇宙-少儿读物　Ⅳ.
①P159-49

中国版本图书馆CIP数据核字（2017）第039012号

奇趣科学探索之旅
遨游苍茫的宇宙

编　著	米家文化	**印　刷**	浙江海虹彩色印务有限公司
出版发行	**浙江科学技术出版社**	**开　本**	710×1000　1/16
	杭州市体育场路347号	**印　张**	10
	邮　编：310006	**字　数**	150 000
	办公室电话：0571-85176593	**版　次**	2017年4月第1版
	销售部电话：0571-85062597　85058048	**印　次**	2017年4月第1次印刷
	网　址：zjkxjscbs.tmall.com	**书　号**	ISBN 978-7-5341-7499-5
	E-mail：zkpress@zkpress.com	**定　价**	25.00元
设计排版	大米原创		

责任编辑　顾旻波　张丽燕　　**责任校对**　刘　燕

责任美编　金　晖　　　　　　**责任印务**　田　文